学ぶ人は、
変えて
ゆく人だ。

目の前にある問題はもちろん、

人生の問いや、社会の課題を自ら見つけ、

挑み続けるために、人は学ぶ。

「学び」で、少しずつ世界は変えてゆける。

いつでも、どこでも、誰でも、

学ぶことができる世の中へ。

旺文社

このドリルの特長と使い方

このドリルは，「苦手をつくらない」ことを目的としたドリルです。単元ごとに「問題の解き方を理解するページ」と「くりかえし練習するページ」をもうけて，段階的に問題の解き方を学ぶことができます。

① 理解

問題の解き方を理解するページです。問題の解き方のヒントが載っていますので，これにそって問題の解き方を学習しましょう。
大事な用語は 覚えよう！ として載せています。

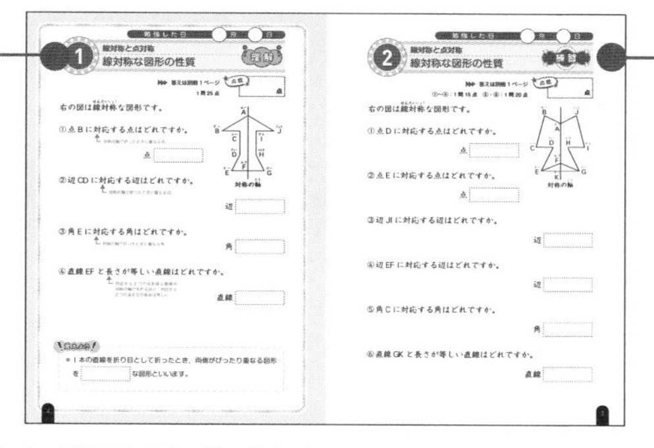

② 練習

「理解」で学習したことを身につけるために，くりかえし練習するページです。「理解」で学習したことを思い出しながら問題を解いていきましょう。

③ ◇チャレンジ◇

間違えやすい問題は，別に単元を設けています。こちらも「理解」→「練習」と段階をふんでいますので，重点的に学習することができます。

もくじ

編集協力／有限会社マイプラン 杉山悦子　校正／株式会社ぷれす　装丁デザイン／株式会社 しろいろ
装丁イラスト／おおの麻里　本文デザイン／ハイ制作室 若林千秋　本文イラスト／西村博子

6年生 達成表　算数名人への道！

ドリルが終わったら、番号のところに日付と点数を書いて、グラフをかこう。
80点を超えたら合格だ！まとめのページは全問正解で合格だよ！

	日付	点数	50点 / 合格ライン80点 / 100点	合格チェック
例	4/2	90		○
1				
2				
3				
4				
5				
6				
7				
8				
9				
10				
11		全問正解で合格！		
12				
13				
14				
15				
16				
17				
18				
19				
20				
21				
22				
23				

	日付	点数	50点 / 合格ライン80点 / 100点	合格チェック
24				
25				
26		全問正解で合格！		
27				
28				
29				
30				
31				
32				
33				
34				
35				
36				
37				
38				
39				
40				
41				
42				
43				
44				
45				
46				
47				

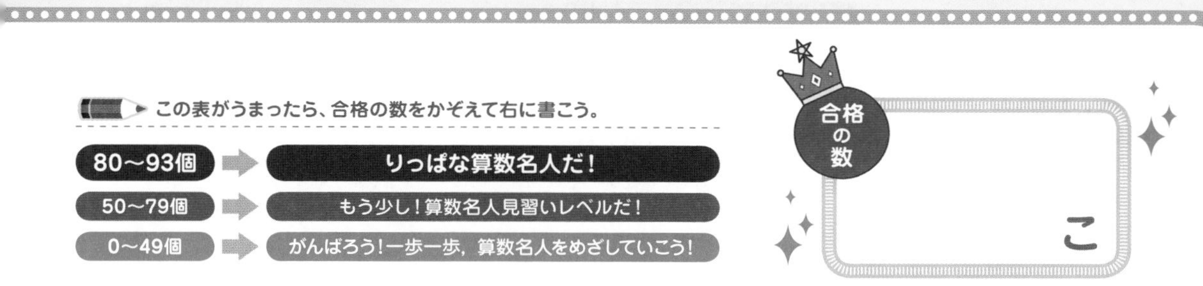

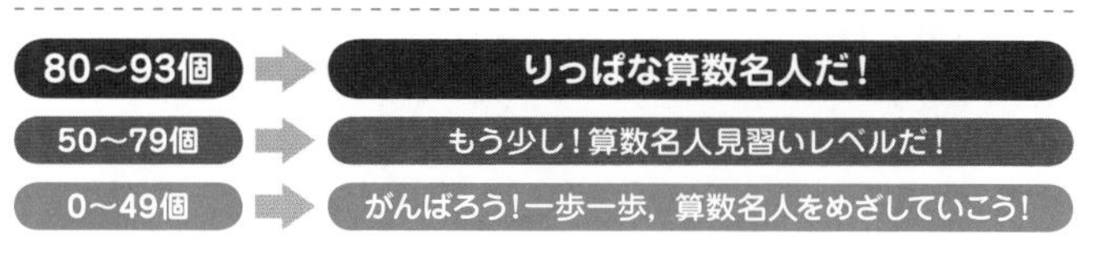

	日付	点数	50点 / 合格ライン80点 / 100点	合格チェック
48				
49				
50				
51				
52				
53		全問正解で合格！		
54				
55				
56				
57				
58				
59				
60		全問正解で合格！		
61				
62				
63				
64				
65				
66				
67				
68				
69				
70				
71				

	日付	点数	50点 / 合格ライン80点 / 100点	合格チェック
72				
73				
74				
75				
76				
77				
78				
79				
80				
81				
82				
83				
84				
85				
86				
87			全問正解で合格！	
88				
89				
90				
91				
92				
93				

線対称と点対称
線対称な図形の性質

▶▶▶ 答えは別冊 1 ページ

1 問 25 点

右の図は線対称（せんたいしょう）な図形です。

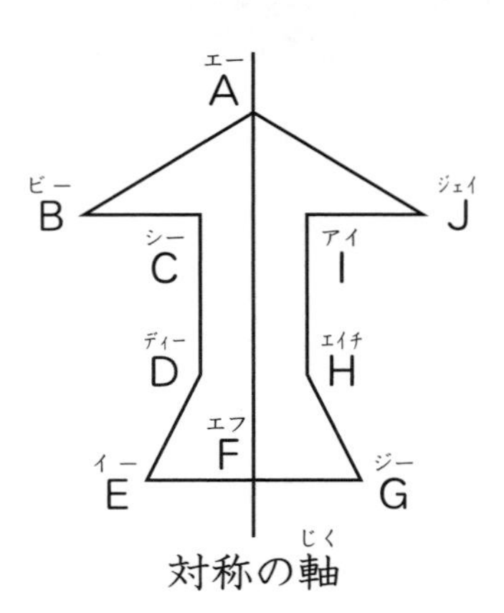

① 点 B に対応する点はどれですか。

対称の軸で折ったときに重なる点。

点 [　　　]

② 辺 CD に対応する辺はどれですか。

対称の軸で折ったときに重なる辺。

辺 [　　　]

③ 角 E に対応する角はどれですか。

対称の軸で折ったときに重なる角。

角 [　　　]

④ 直線 EF と長さが等しい直線はどれですか。

対応する 2 つの点を結ぶ直線が対称の軸と交わる点と，対応する 2 つの点までの長さは等しい。

直線 [　　　]

覚えよう！

- 1 本の直線を折り目として折ったとき，両側がぴったり重なる図形を [　　　] な図形といいます。

月　日

線対称と点対称
線対称な図形の性質

答えは別冊1ページ

①〜④：1問15点　⑤・⑥：1問20点

点数　　点

右の図は線対称(せんたいしょう)な図形です。

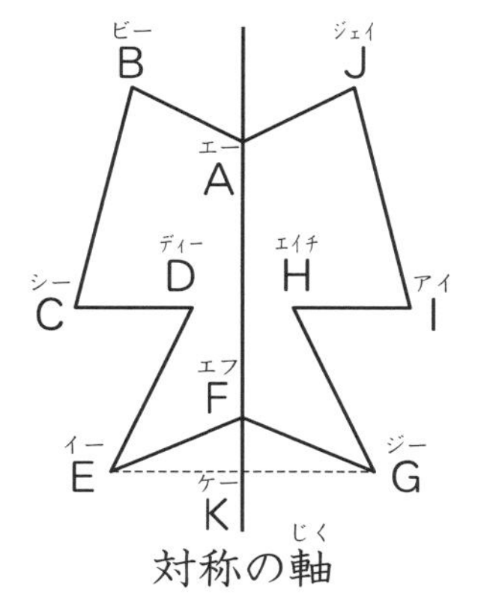

①点Dに対応する点はどれですか。

点

②点Eに対応する点はどれですか。

点

③辺JIに対応する辺はどれですか。

辺

④辺EFに対応する辺はどれですか。

辺

⑤角Cに対応する角はどれですか。

角

⑥直線GKと長さが等しい直線はどれですか。

直線

勉強した日　　月　　日

線対称と点対称
線対称な図形のかき方

▶▶▶ 答えは別冊 1 ページ

1 問 25 点

直線 AB を対称の軸として，線対称な図形をかきましょう。

①

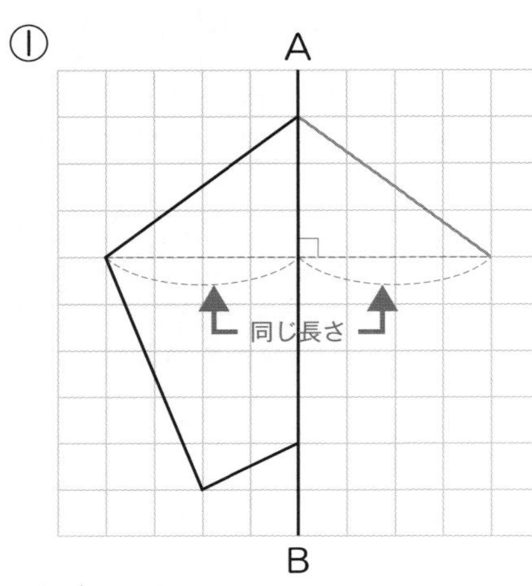

対応する 2 つの点を結ぶ直線は
対称の軸と垂直に交わる。

②

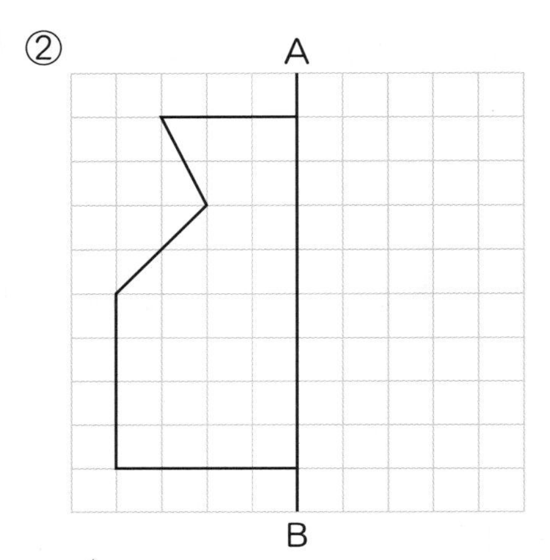

対応する 2 つの点を結ぶ直線は
対称の軸と垂直に交わる。

③

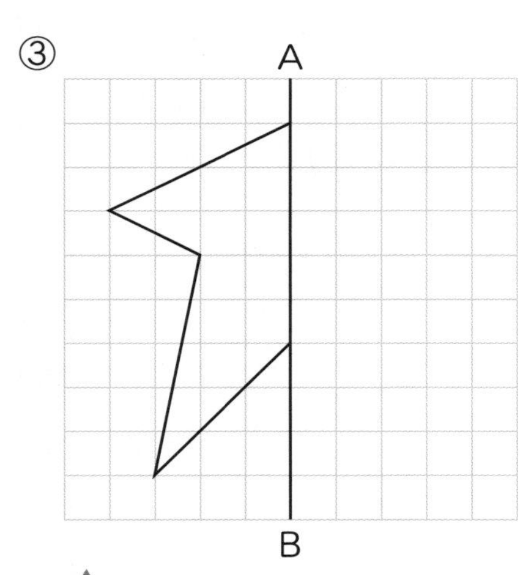

対応する 2 つの点を結ぶ直線は
対称の軸と垂直に交わる。

④

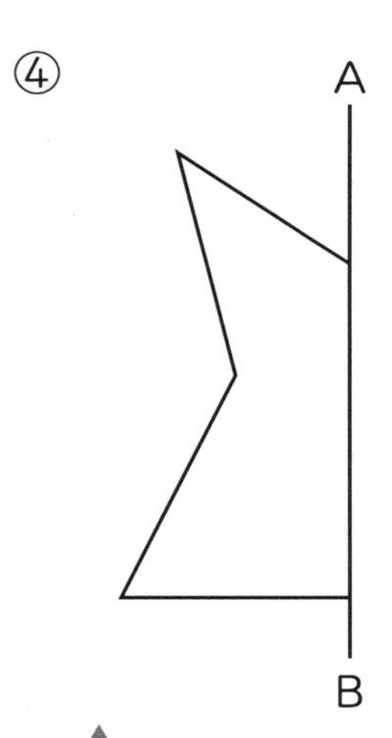

対応する 2 つの点を結ぶ直線は
対称の軸と垂直に交わる。

線対称と点対称

線対称な図形のかき方

▶▶▶ 答えは別冊 1 ページ

1 問 25 点

直線 AB を対称の軸として，線対称な図形をかきましょう。

①

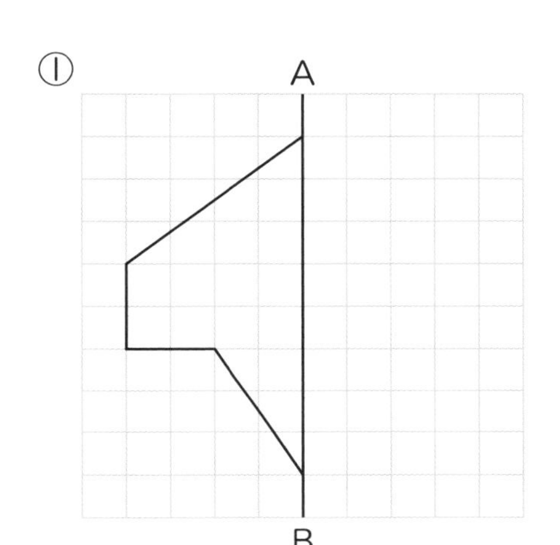

②

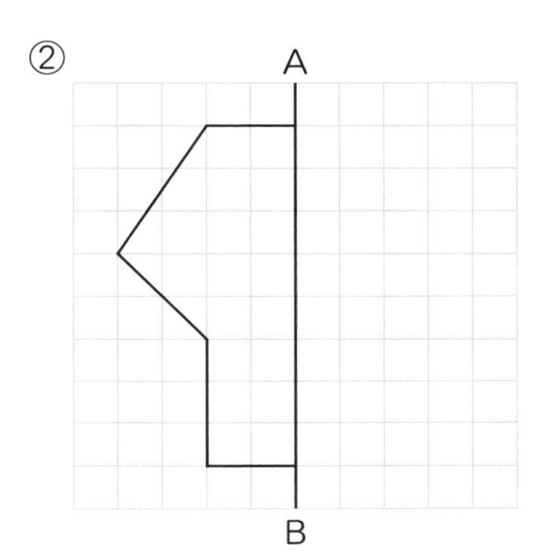

③

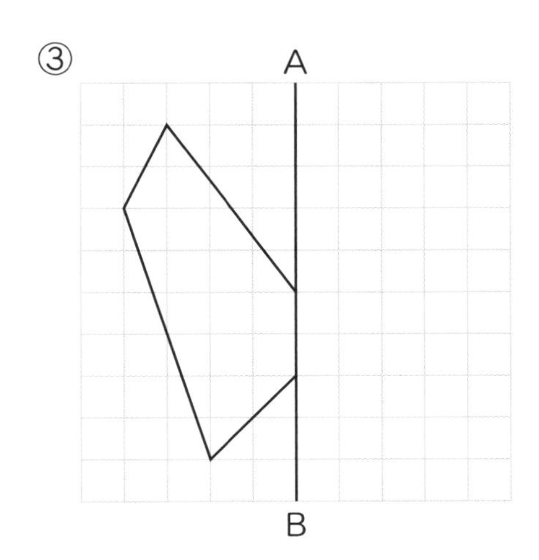

④

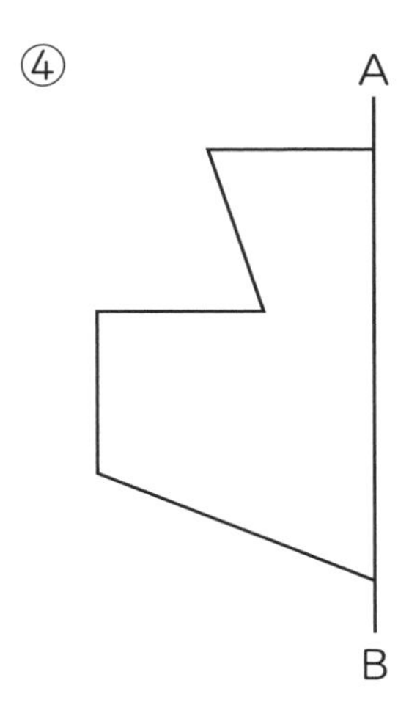

線対称と点対称

点対称な図形の性質

▶▶▶ 答えは別冊 1 ページ

1 問 25 点　点数　　点

右の図は点対称(てんたいしょう)な図形です。

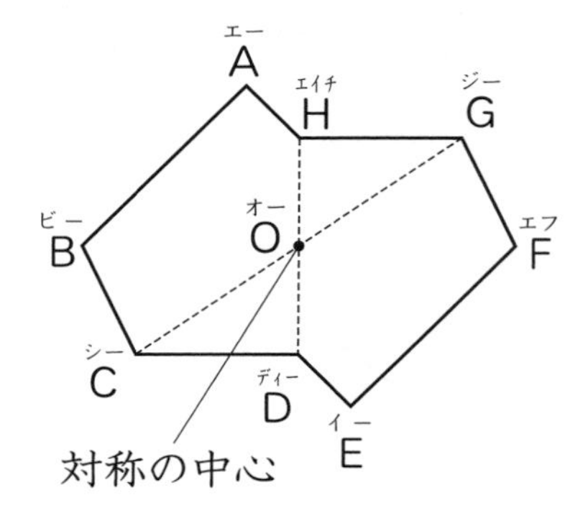

① 点 A に対応する点はどれですか。

180°回転させたときに重なる点。

点 [　　]

② 辺 CD に対応する辺はどれですか。

180°回転させたときに重なる辺。

辺 [　　]

③ 角 B に対応する角はどれですか。

180°回転させたときに重なる角。

角 [　　]

④ 直線 CO と長さが等しい直線はどれですか。

対応する 2 つの点を結ぶ直線は，対称の中心で交わり，対称の中心と対応する 2 つの点までの長さは等しい。

直線 [　　]

覚えよう！

● 1 つの点を中心にして，180°回転させたとき，もとの図形とぴったり重なる図形を [　　] な図形といいます。

勉強した日　　月　　日

線対称と点対称

6 点対称な図形の性質

練習

▶▶▶ 答えは別冊２ページ

①〜④：１問 15 点　⑤・⑥：１問 20 点

点数　　点

右の図は点対称(てんたいしょう)な図形です。

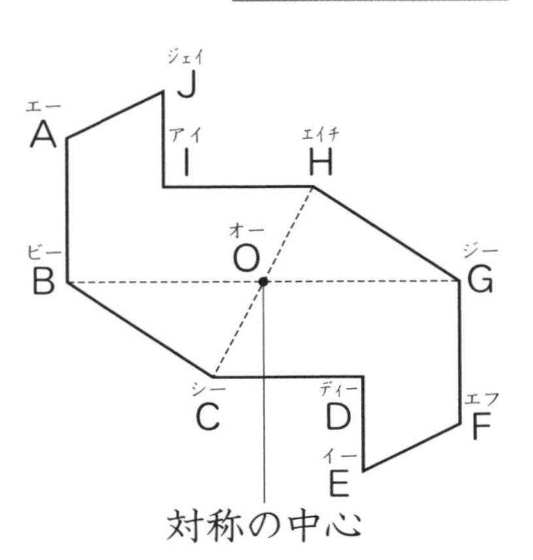

①点Ａに対応する点はどれですか。

点

②点Ｉに対応する点はどれですか。

点

③辺 CD に対応する辺はどれですか。

辺

④辺 EF に対応する辺はどれですか。

辺

⑤角Ｊに対応する角はどれですか。

角

⑥直線 HO と長さが等しい直線はどれですか。

直線

勉強した日　月　日

線対称と点対称

点対称な図形のかき方

理解

▶▶▶ 答えは別冊２ページ

点数　点

1問25点

点O(オー)を対称(たいしょう)の中心として，点対称(てんたいしょう)な図形をかきましょう。

①

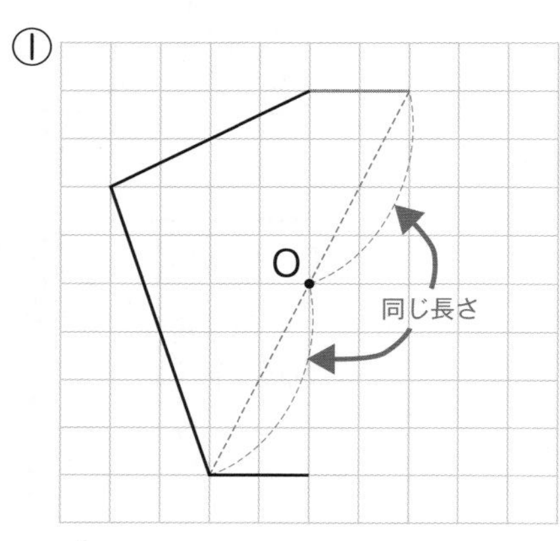

対応する２つの点を結ぶ直線は，対称の中心を通る。

②

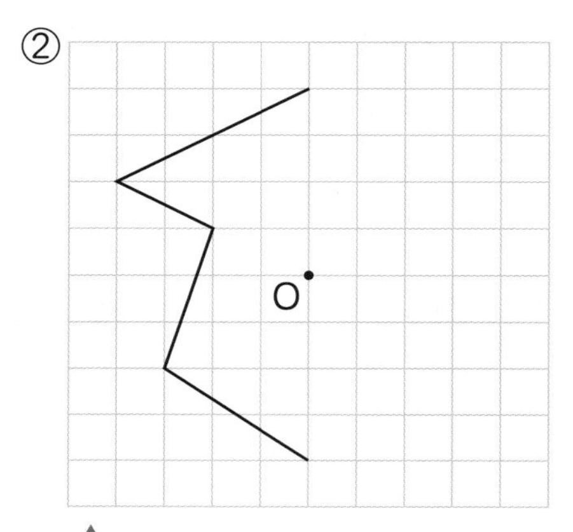

対応する２つの点を結ぶ直線は，対称の中心を通る。

③

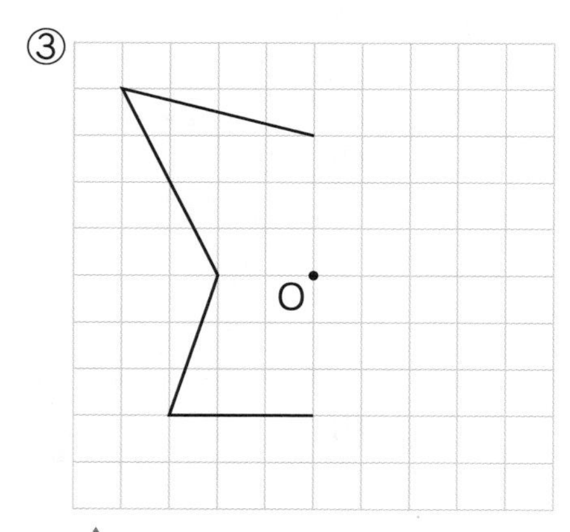

対応する２つの点を結ぶ直線は，対称の中心を通る。

④

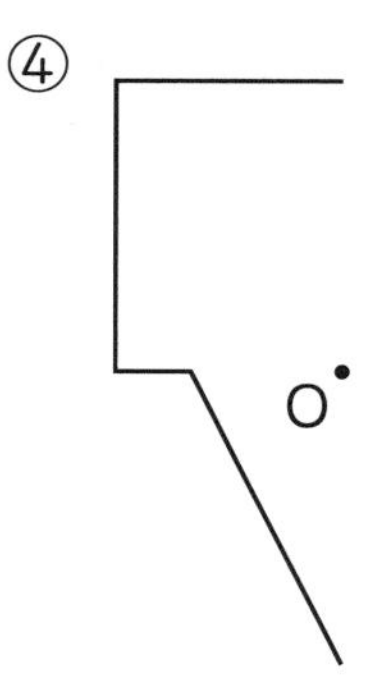

対応する２つの点を結ぶ直線は，対称の中心を通る。

答えは別冊2ページ

1問25点

点O（オー）を対称（たいしょう）の中心として，点対称（てんたいしょう）な図形をかきましょう。

①

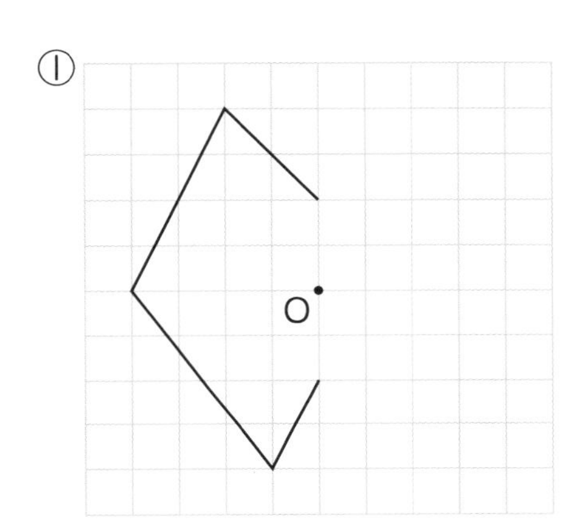

②

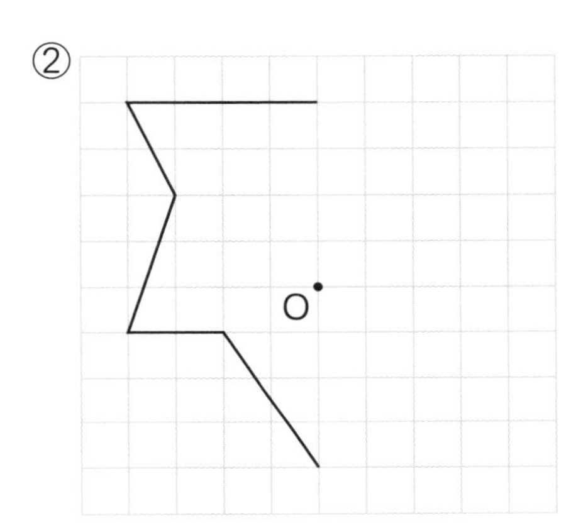

③

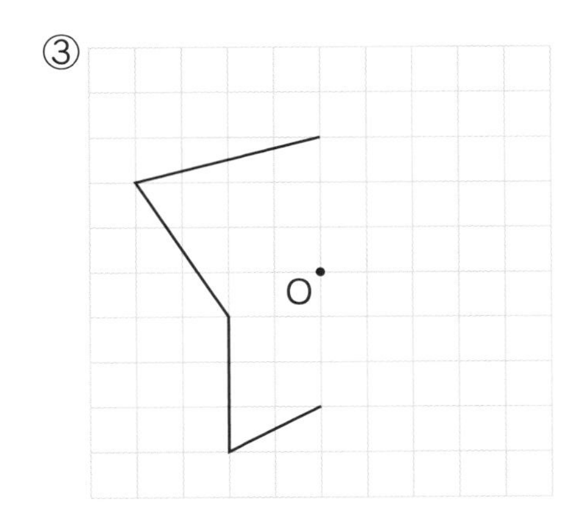

④

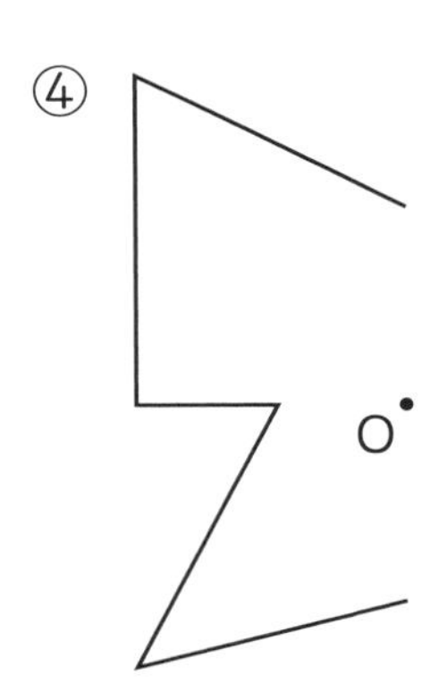

線対称と点対称
多角形と対称

▶▶▶ 答えは別冊２ページ

点数　　点

1：1問30点　**2**：40点

1 次のような多角形があります。

ア　台形　　イ　長方形　　ウ　二等辺三角形　　エ　ひし形

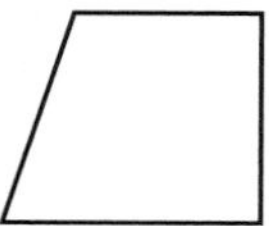 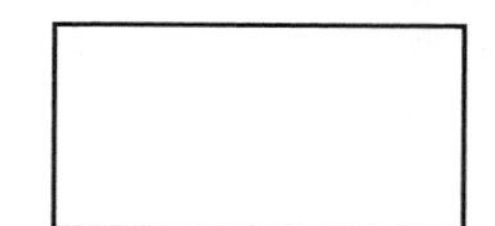 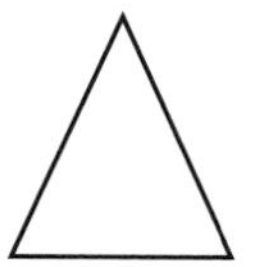 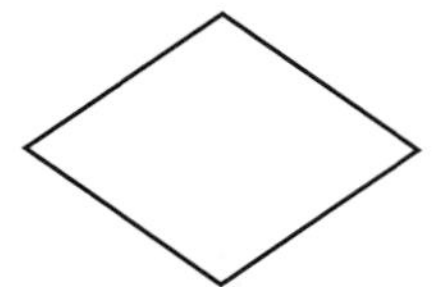

① 線対称（せんたいしょう）な図形はどれですか。

↑ 1本の直線を軸にして折ったとき，両側がぴったり重なる図形

② 点対称（てんたいしょう）な図形はどれですか。

↑ 1つの点を中心にして，180°回転させたとき，もとの図形とぴったり重なる図形

2 次のような正多角形があります。このうち，点対称な図形はどれですか。

ア　正三角形　　イ　正五角形　　ウ　正六角形　　エ　正八角形

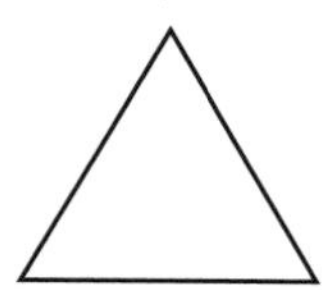 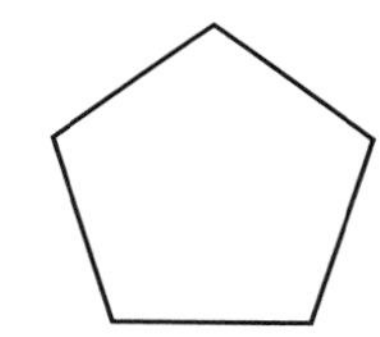 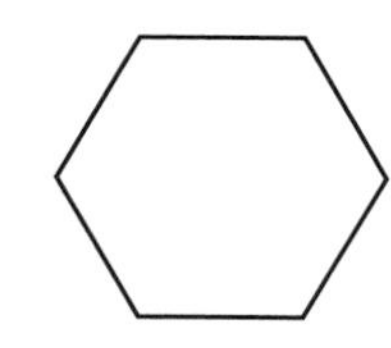 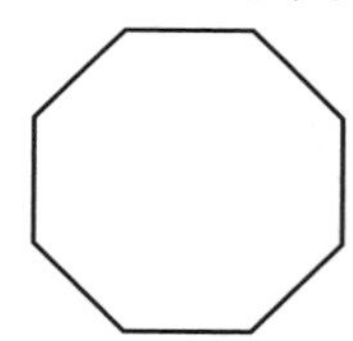

覚えよう！

● 正多角形はすべて＿＿＿＿対称な図形です。

線対称と点対称
多角形と対称

▶▶▶ 答えは別冊 2 ページ

点数 　点

1：1問10点　**2**：各4点　**3**：各10点

1 次の㋐～㋓の図形があります。

㋐　平行四辺形　　　㋑　ひし形
㋒　長方形　　　　　㋓　正方形

① 線対称(せんたいしょう)ではないが，点対称(てんたいしょう)である図形はどれですか。

② 対称の軸(じく)が 2 本だけある図形はどれですか。

2 例にならって，次の図形が線対称か点対称かを調べましょう。また，線対称であるときは対称の軸の本数も調べ，下の表を完成させましょう。

	線対称	軸の数	点対称
例：正三角形	○	3	×
正方形			
正五角形			
正六角形			
正八角形			
正十二角形			

3 円は線対称な図形ですか。線対称のとき，対称の軸の数について，どんなことがいえますか。

勉強した日　　月　　日

11 線対称と点対称のまとめ
めいろゲーム

▶▶▶答えは別冊3ページ

線対称な図形→点対称な図形→線対称な図形→…
と，こうごに通ってゴールまで行きましょう。

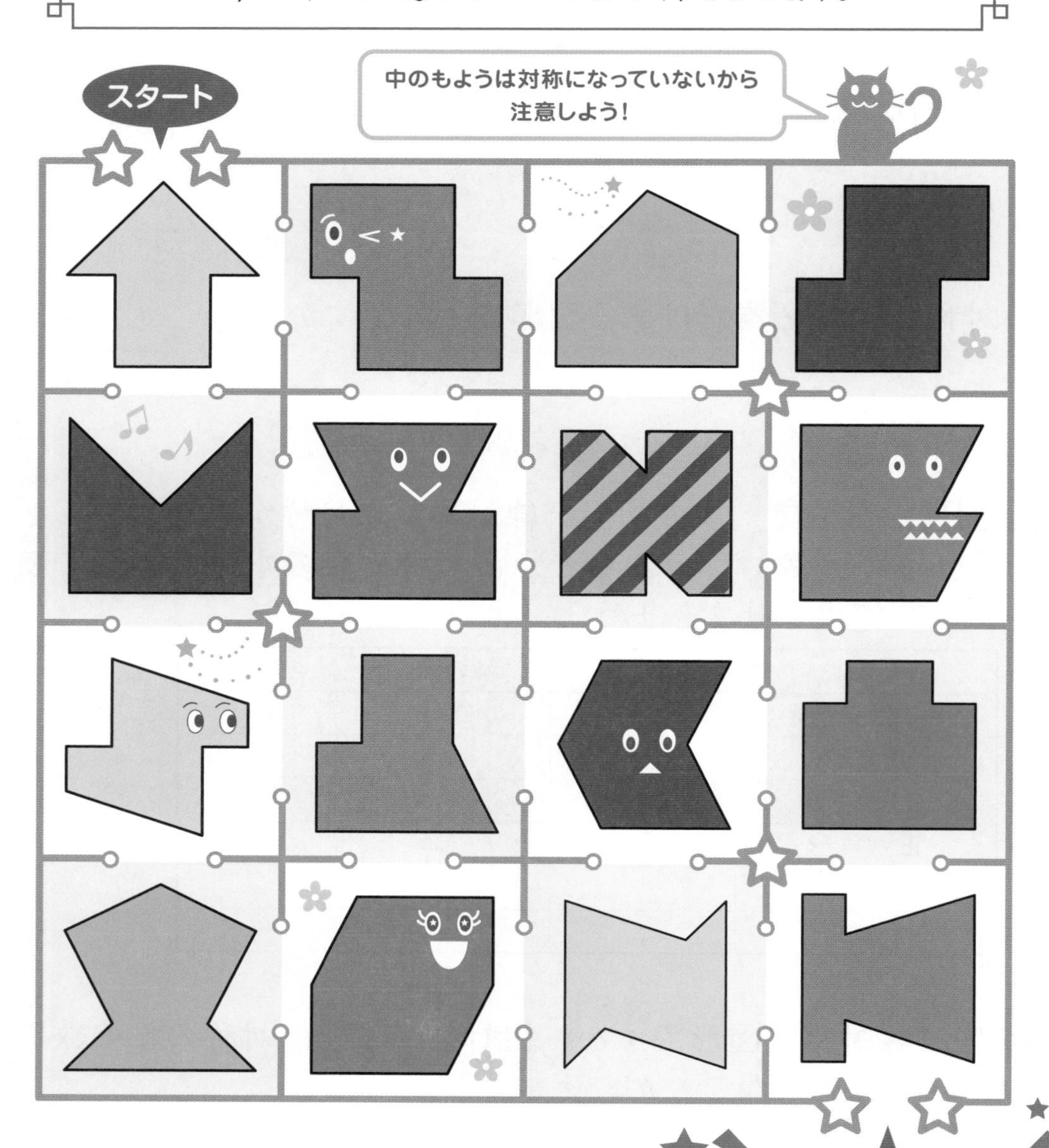

文字を使った式

文字を使った式①

答えは別冊3ページ

1問20点

点数　　点

1 1個80円の消しゴムを x（エックス）個買います。

①代金を式で表しましょう。

（式）　80　×　□　（円）

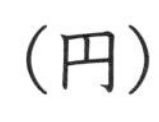

↑消しゴム1個の値段　↑個数

②消しゴムを3個，5個買うときの代金を，それぞれ求めましょう。

・3個のとき ← ①の式の x に3をあてはめる。

（式）

答え　□　円

・5個のとき ← ①の式の x に5をあてはめる。

（式）

答え　□　円

2 x 円のパンを1個と，120円のジュースを1本買います。

①代金を式で表しましょう。

（式）　□　＋　120　（円）

↑パン1個の値段　↑ジュース1本の値段

②パンの値段（ねだん）が150円のときの代金を求めましょう。

↑①の式の x に150をあてはめる。

（式）

答え　□　円

文字を使った式

文字を使った式①

▶▶▶ 答えは別冊 3 ページ

1 問 20 点

点数　　　点

1 縦(たて) 6 cm，横 x(エックス) cm の長方形があります。

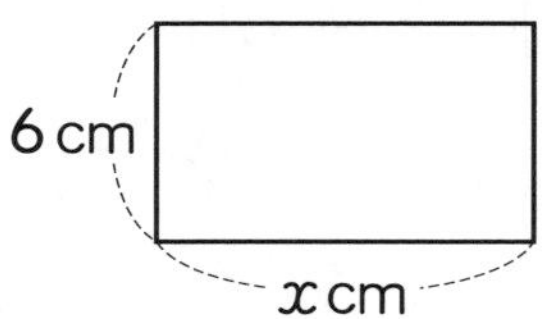

① 面積を式で表しましょう。

（cm²）

② 横の長さが 7 cm，15 cm のときの面積を，それぞれ求めましょう。

・7 cm のとき
（式）

答え　　　cm²

・15 cm のとき
（式）

答え　　　cm²

2 x g のみかんを 400 g のかごに入れます。

① 全体の重さを式で表しましょう。

（g）

② みかんの重さが 250 g のときの全体の重さを求めましょう。
（式）

答え　　　g

文字を使った式

文字を使った式②

▶▶▶ 答えは別冊 3 ページ

1 問 20 点

点数　　　点

120 円のシュークリーム I 個と，x（エックス）円のケーキ I 個買ったら，代金は y（ワイ）円でした。

①x と y の関係を式で表しましょう。

（式）

120 ＋ ［　　］ ＝ ［　　］（円）

シュークリーム I 個の値段　ケーキ I 個の値段　代金

②ケーキの値段（ねだん）が 200 円，250 円，300 円のときの代金を，それぞれ求めましょう。

・200 円のとき ← ①の式の x に 200 をあてはめる。

（式）

答え ［　　］ 円

・250 円のとき ← ①の式の x に 250 をあてはめる。

（式）

答え ［　　］ 円

・300 円のとき ← ①の式の x に 300 をあてはめる。

（式）

答え ［　　］ 円

③代金が 420 円になるのは，何円のケーキを買ったときですか。 ← ②で代金が 420 円になったときの x の値。

［　　］ 円

文字を使った式②

▶▶▶ 答えは別冊３ページ

1問20点

点数　　点

1本60円の鉛筆(えんぴつ)を x(エックス)本買ったら，代金は y(ワイ)円でした。

①x と y の関係を式で表しましょう。

□（円）

②鉛筆を７本，８本，９本買ったときの代金を，それぞれ求めましょう。

・７本のとき

（式）

答え □ 円

・８本のとき

（式）

答え □ 円

・９本のとき

（式）

答え □ 円

③代金が540円になるのは，鉛筆を何本買ったときですか。

□ 本

比
比

理解

答えは別冊 4 ページ

1 問 25 点

次の比を書きましょう。

① りんごの値段(ねだん) 150 円となしの値段 180 円の比

：を使って表す。

② 1 組の男子 17 人と女子 15 人の比

：を使って表す。

③ 50 m 走の記録 9.8 秒と 8.7 秒の比

：を使って表す。

④ 青いテープ $\frac{4}{5}$ m と赤いテープ $\frac{2}{3}$ m の比

：を使って表す。

覚えよう！

- 3 と 5 の割合(わりあい)を，：を使って 3：5 と表すことがあります。
  このように表された割合を ＿＿＿ といいます。

勉強した日　月　日

比

比

▶▶▶ 答えは別冊 4 ページ

点

①〜④：1 問 15 点　⑤・⑥：1 問 20 点

次の比を書きましょう。

① みかん 8 個とりんご 5 個の比

② 長方形の形をした畑の縦（たて）の長さ 60 m と横の長さ 40 m の比

③ チョコレートパン 80 円とクリームパン 70 円の比

④ ゆみさんの身長 140 cm とりょうさんの身長 137 cm の比

⑤ ジュース 0.6 L と牛乳（ぎゅうにゅう） 0.5 L の比

⑥ 赤い布 $\frac{5}{6}$ m^2 と白い布 $\frac{7}{8}$ m^2 の比

18 比
比の値

答えは別冊 4 ページ

①～④：1 問 10 点　⑤～⑧：1 問 15 点

次の比の値（あたい）を求めましょう。

①2：5
2÷5 で求める。

②6：7
6÷7 で求める。

③40：60
40÷60 で求める。

④18：14
18÷14 で求める。

⑤0.7：0.9
0.7÷0.9 で求める。

⑥1.2：2.6
1.2÷2.6 で求める。

⑦$\frac{3}{4}$：$\frac{2}{5}$
$\frac{3}{4}÷\frac{2}{5}$ で求める。

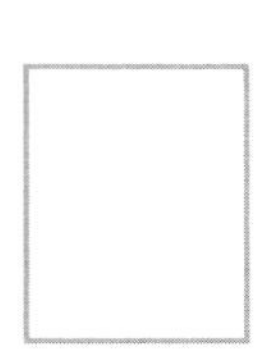

⑧$\frac{2}{7}$：$\frac{5}{6}$
$\frac{2}{7}÷\frac{5}{6}$ で求める。

覚えよう

● a（エー）：b（ビー）で表された比の，$a÷b$ の商を ＿＿＿ といいます。

比

比の値

▶▶▶ 答えは別冊 4 ページ

1 問 10 点

次の比の値（あたい）を求めましょう。

① 8 : 15 

② 24 : 36 

③ 120 : 200 

④ 27 : 9 

⑤ 3.7 : 3 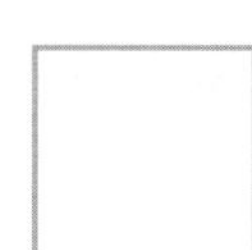

⑥ 1.8 : 4.5 

⑦ 2 : 4.8 

⑧ 0.7 : 2.1 

⑨ $\frac{4}{5} : \frac{1}{9}$ 

⑩ $\frac{8}{3} : \frac{12}{7}$ 

勉強した日　月　日

20 比 等しい比①

理解

答えは別冊 4 ページ

点数　点

①・②：各 15 点　③：各 20 点

次の比と等しい比を 2 つ見つけて，記号で答えましょう。

① 3：4 ← 比の値は，$3 \div 4 = \frac{3}{4}$　比の値が $\frac{3}{4}$ になる比を見つける。

ア　4：6　　イ　9：12
ウ　4：3　　エ　6：8

② 50：20 ← 比の値は，$50 \div 20 = \frac{5}{2}$　比の値が $\frac{5}{2}$ になる比を見つける。

ア　5：2　　イ　20：50
ウ　40：15　　エ　25：10

③ 6：9 ← 比の値は，$6 \div 9 = \frac{2}{3}$　比の値が $\frac{2}{3}$ になる比を見つける。

ア　18：27　　イ　15：25
ウ　2：3　　エ　12：20

覚えよう！

● 2 つの比の，比の値（あたい）が等しいとき，2 つの比は［　　　］といいます。

比

等しい比①

▶▶▶ 答えは別冊 4 ページ

点

①・②：各 10 点　③・④：各 15 点

次の比と等しい比を 2 つ見つけて，記号で答えましょう。

① 3：5

ア　6：10　　イ　6：8

ウ　5：3　　エ　9：15

② 30：24

ア　10：6　　イ　15：12

ウ　5：4　　エ　3：2

③ 2：8

ア　4：10　　イ　1：4

ウ　6：24　　エ　8：2

④ 18：16

ア　9：8　　イ　8：6

ウ　36：30　　エ　72：64

月　日

比

等しい比②

答えは別冊４ページ

点

①～④：１問15点　⑤・⑥：１問20点

次の比を簡単(かんたん)にしましょう。

① 12：18 ← 12と18を最大公約数でわる。

② 8：10 ← 8と10を最大公約数でわる。

③ 48：30 ← 48と30を最大公約数でわる。

④ 72：81 ← 72と81を最大公約数でわる。

⑤ 0.9：2.7 ← 整数の比になおしてから考える。

⑥ $\frac{3}{4}$：$\frac{6}{7}$ ← 分母の最小公倍数をかけて，整数の比になおしてから考える。

覚えよう！

- 比を，それと等しい比で，できるだけ小さい整数の比になおすことを，比を［　　　　］にするといいます。

23 比　等しい比②

▶▶▶ 答えは別冊 4 ページ

1 問 10 点　　点

次の比を簡単にしましょう。

① 10：45

② 56：32

③ 24：40

④ 30：18

⑤ 49：63

⑥ 16：48

⑦ 0.3：1.1

⑧ 4：1.6

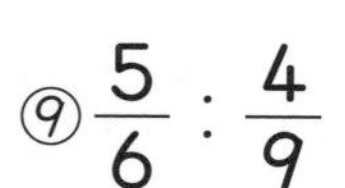

⑨ $\frac{5}{6}:\frac{4}{9}$

⑩ $\frac{2}{3}:\frac{6}{7}$

24 比 等しい比③

答えは別冊5ページ

点

①〜④：1問15点　⑤・⑥：1問20点

x（エックス）にあてはまる数を求めましょう。

① $3:8=15:x$ （×5，×5）

② $4:7=x:42$ （×6，×6）

③ $64:40=x:5$ （÷8，÷8）

④ $54:63=6:x$ （÷9，÷9）

⑤ $0.6:2=3:x$ （×5，×5）

⑥ $1.5:1=3:x$ （×2，×2）

覚えよう！

● a（エー）：b（ビー）の，a と b に同じ数をかけたり，a と b を同じ数でわったりしてできる比は，$a:b$ に［　　　］なります。

等しい比③

▶▶▶ 答えは別冊 5 ページ

1 問 10 点

点

x（エックス）にあてはまる数を求めましょう。

① $5:7=35:x$

② $2:9=12:x$

③ $6:5=x:40$

④ $3:8=x:56$

⑤ $45:36=5:x$

⑥ $16:4=4:x$

⑦ $72:27=x:3$

⑧ $21:28=x:4$

⑨ $0.8:6=4:x$

⑩ $2.5:3=5:x$

比のまとめ

暗号ゲーム

▶▶▶答えは別冊5ページ

等しい比を見つけて，下の文を完成させましょう。

①9：6　②6：30　③1：2

④9：15　⑤4：1　⑥12：40

2：7

く

9：10

3：5

4：8

8：2

18：12

10：6

4：20

3：10

5：9

あしたは

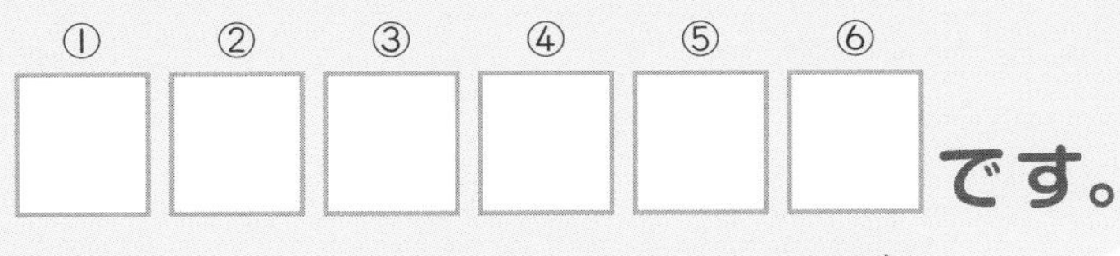

です。

拡大図と縮図
拡大図と縮図

▶▶▶ 答えは別冊 5 ページ

各 25 点

下の図で，㋐の拡大図（かくだいず），縮図（しゅくず）はどれですか。また，何倍の拡大図，何分の 1 の縮図ですか。

拡大図：形を変えないで大きくした図
縮図：形を変えないで小さくした図

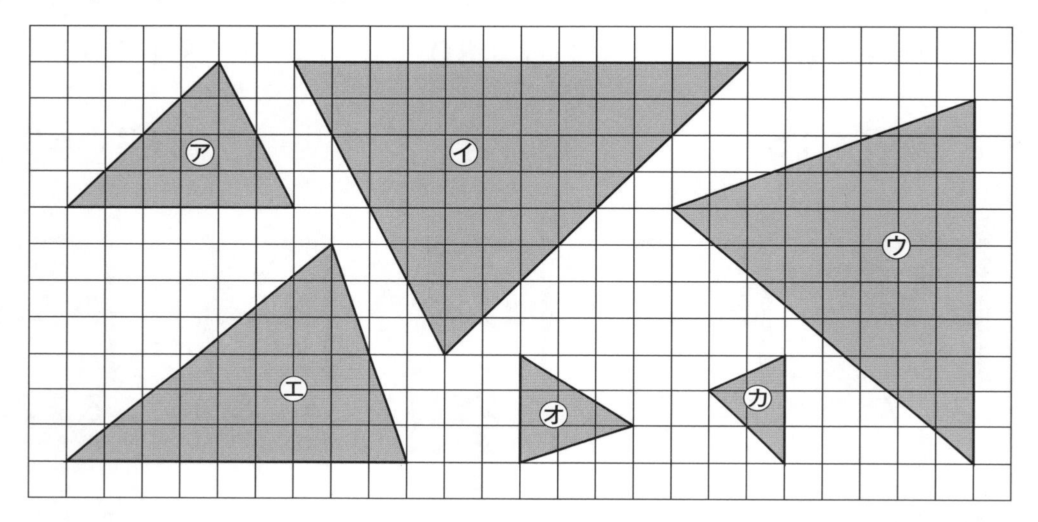

拡大図

［　　］，［　　］倍の拡大図

対応する辺の長さが何倍になっているか。

縮図

［　　］，［　　］の縮図

対応する辺の長さが何分の 1 になっているか。

覚えよう！

- 形を変えないで，もとの図を大きくした図を［　　　　］といい，小さくした図を［　　　　］といいます。

拡大図と縮図

拡大図と縮図

▶▶▶ 答えは別冊 5 ページ

点数　　点

1：各 10 点　**2**：各 15 点

1 下の図で，㋐の拡大図(かくだいず)，縮図(しゅくず)はどれですか。また，何倍の拡大図，何分の 1 の縮図ですか。

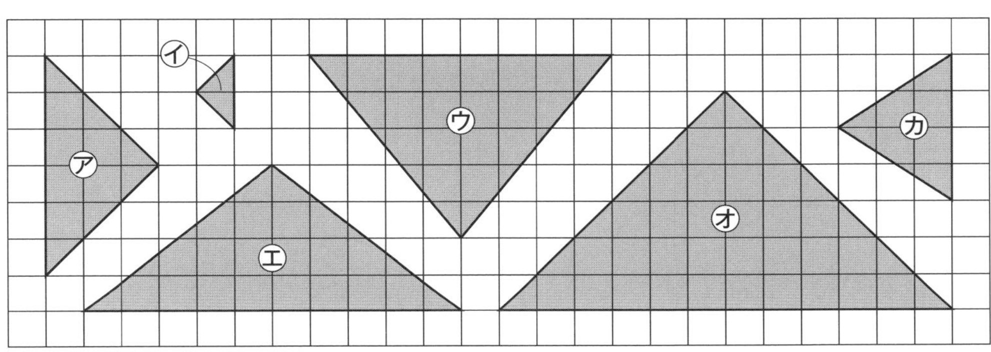

拡大図
［　　］，［　　］倍の拡大図

縮図
［　　］，［　　］の縮図

2 下の図で，㋐の拡大図，縮図はどれですか。また，何倍の拡大図，何分の 1 の縮図ですか。

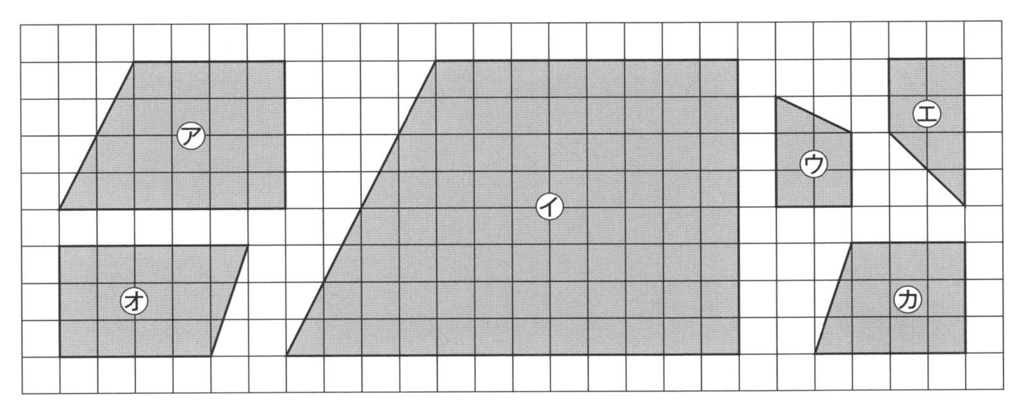

拡大図
［　　］，［　　］倍の拡大図

縮図
［　　］，［　　］の縮図

拡大図と縮図
拡大図の性質

理解

▶▶▶ 答えは別冊５ページ
①・②：１問30点　③：40点

下の図で，三角形 DEF（ディーイーエフ）は三角形 ABC（エービーシー）の拡大図（かくだいず）です。

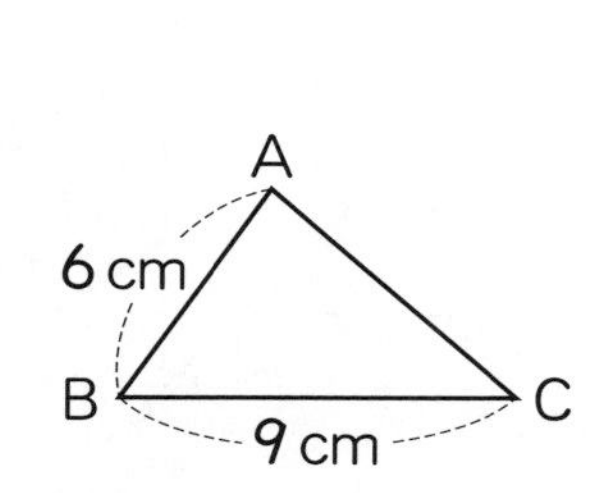

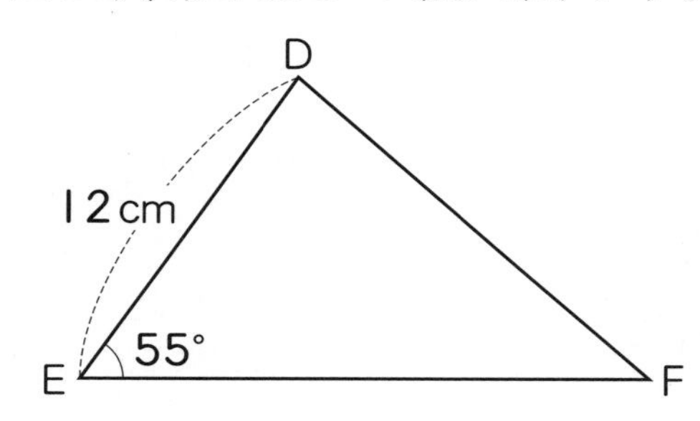

① 何倍の拡大図ですか。

対応する辺の比を考える。

［　　　　］倍

② 角 B の大きさは何度ですか。

角 E が対応する角

［　　　　］°

③ 辺 EF の長さは何 cm ですか。

辺 BC が対応する辺

［　　　　］cm

覚えよう

- 拡大図では，対応する辺の長さの［　　　　］はすべて等しく，対応する［　　　　］の大きさはすべて等しくなっています。

拡大図と縮図
拡大図の性質

▶▶▶答えは別冊5ページ

点数　点

1問20点

四角形 EFGH（イーエフジーエイチ）は，四角形 ABCD（エービーシーディー）の2倍の拡大図（かくだいず）です。

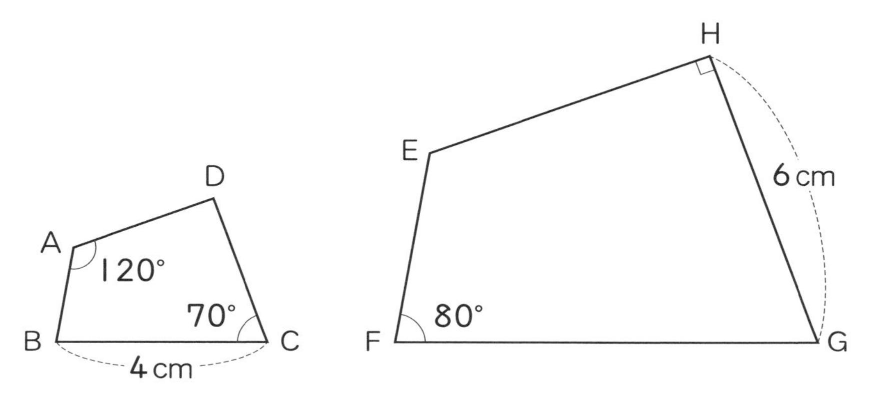

①辺 AB に対応する辺はどれですか。

辺

②辺 FG の長さは何 cm ですか。

cm

③辺 CD の長さは何 cm ですか。

cm

④角 G の大きさは何度ですか。

°

⑤角 D の大きさは何度ですか。

°

拡大図と縮図
縮図の性質

理解

▶▶▶ 答えは別冊５ページ

点数　　点

①・②：１問 30 点　③：40 点

下の図で，三角形 DEF（ディーイーエフ）は三角形 ABC（エービーシー）の縮図（しゅくず）です。

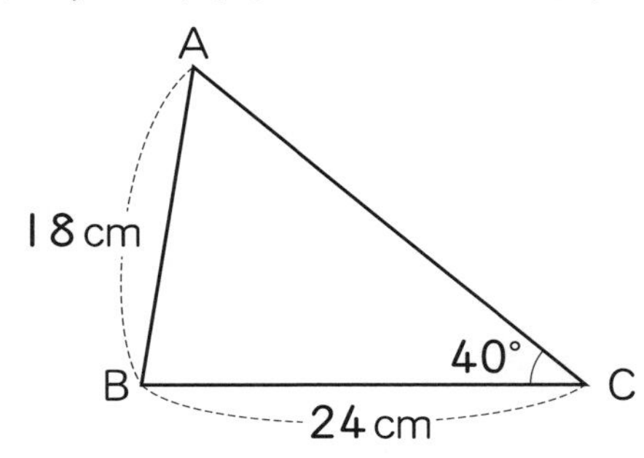

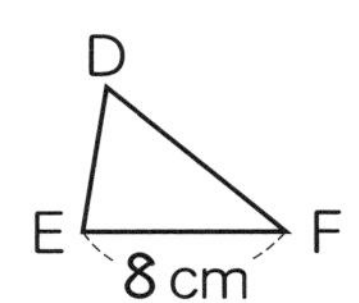

① 何分の１の縮図ですか。

対応する辺の比を考える。

[　　　]

② 角 F の大きさは何度ですか。

角 C が対応する角

[　　　]°

③ 辺 DE の長さは何 cm ですか。

辺 AB が対応する辺

[　　　] cm

覚えよう！

- 縮図では，対応する辺の長さの [　　　] はすべて等しく，
  対応する [　　　] の大きさはすべて等しくなっています。

四角形 EFGH（イーエフジーエイチ） は，四角形 ABCD（エービーシーディー） の $\frac{1}{2}$ の縮図（しゅくず）です。

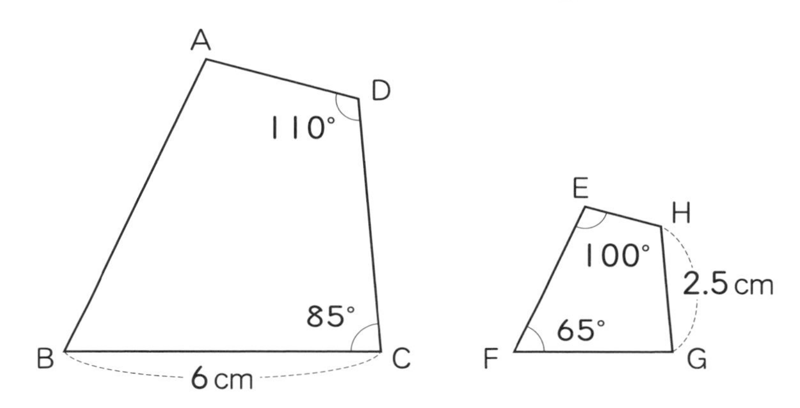

①辺 AB に対応する辺はどれですか。

辺 [ ]

②辺 FG の長さは何 cm ですか。

[ ] cm

③辺 CD の長さは何 cm ですか。

[ ] cm

④角 G の大きさは何度ですか。

[ ] °

⑤角 A の大きさは何度ですか。

[ ] °

拡大図と縮図

拡大図と縮図のかき方①

▶▶▶ 答えは別冊 6 ページ

1 問 50 点

点数　　点

下の三角形 ABC（エービーシー）の 3 倍の拡大図（かくだいず）DEF（ディーイーエフ）と $\frac{1}{2}$ の縮図（しゅくず）GHI（ジーエイチアイ）をかきましょう。

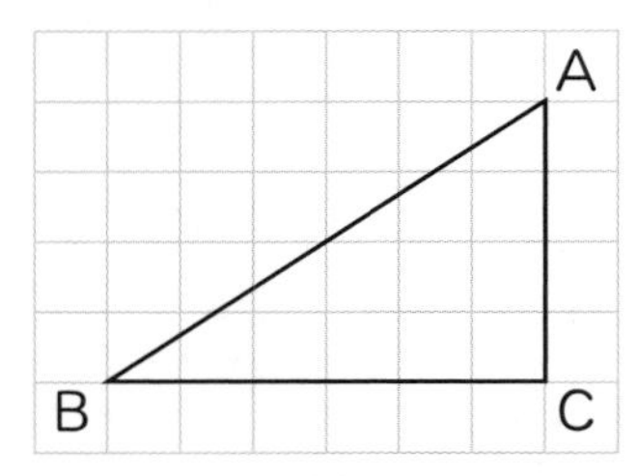

① 3 倍の拡大図 ◀ 対応する辺の長さを 3 倍にする。

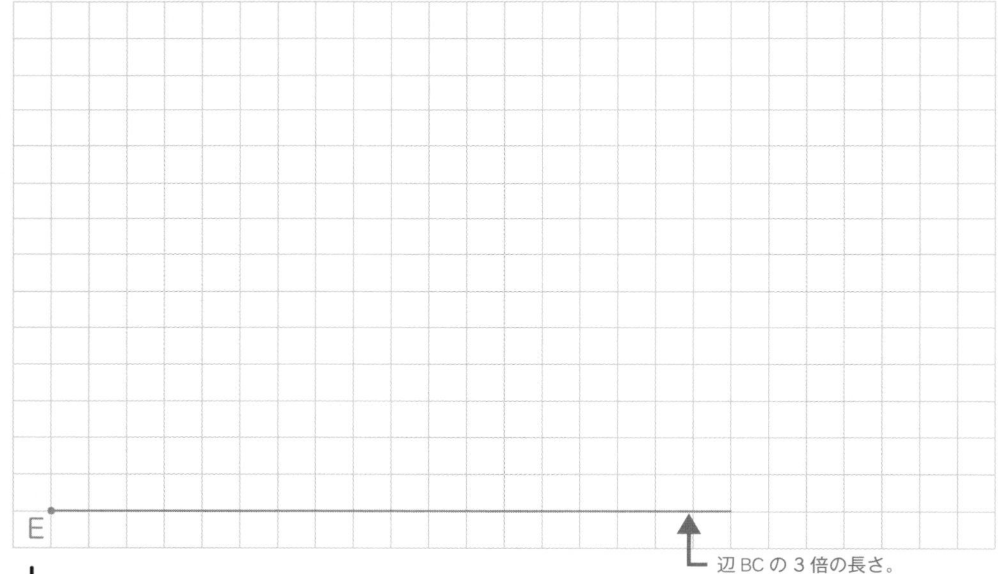

② $\frac{1}{2}$ の縮図 ◀ 対応する辺の長さを $\frac{1}{2}$ にする。

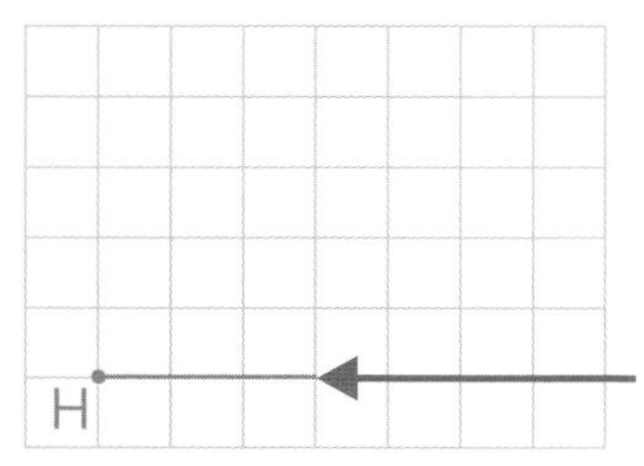

拡大図と縮図

拡大図と縮図のかき方①

答えは別冊 6 ページ

1 問 50 点

下の四角形ABCD（エービーシーディー）の 2 倍の拡大図（かくだいず）と $\frac{1}{2}$ の縮図（しゅくず）をかきましょう。

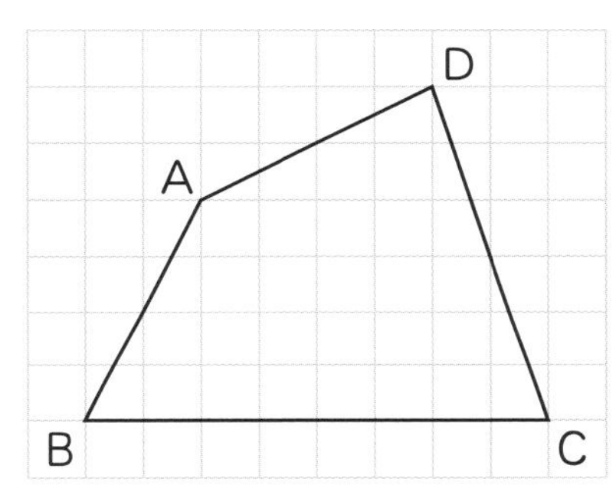

① 2 倍の拡大図

② $\frac{1}{2}$ の縮図

月　日

拡大図と縮図

拡大図と縮図のかき方②

▶▶▶ 答えは別冊 6 ページ

1 問 50 点

点

下の三角形 ABC（エービーシー）の 2 倍の拡大図（かくだいず）DEF（ディーイーエフ）と $\frac{1}{2}$ の縮図（しゅくず）GHI（ジーエイチアイ）をかきましょう。

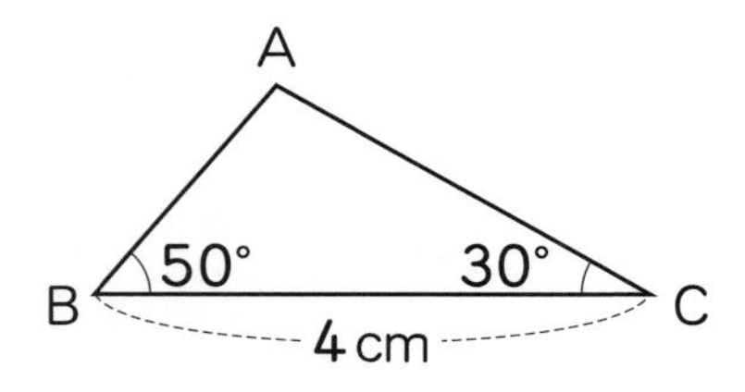

①2 倍の拡大図 ← 辺 BC に対応する辺の長さは 2 倍，角 B，角 C に対応する角の大きさは等しくする。

E ●――――――――――

↑ 辺 BC の 2 倍の 8 cm

② $\frac{1}{2}$ の縮図 ← 辺 BC に対応する辺の長さは $\frac{1}{2}$，角 B，角 C に対応する角の大きさは等しくする。

H ●――――

↑ 辺 BC の $\frac{1}{2}$ の 2 cm

日

拡大図と縮図

拡大図と縮図のかき方②

▶▶▶ 答えは別冊 6 ページ

1 問 50 点　　点

下の三角形 ABC の 2 倍の拡大図と $\frac{1}{2}$ の縮図をかきましょう。

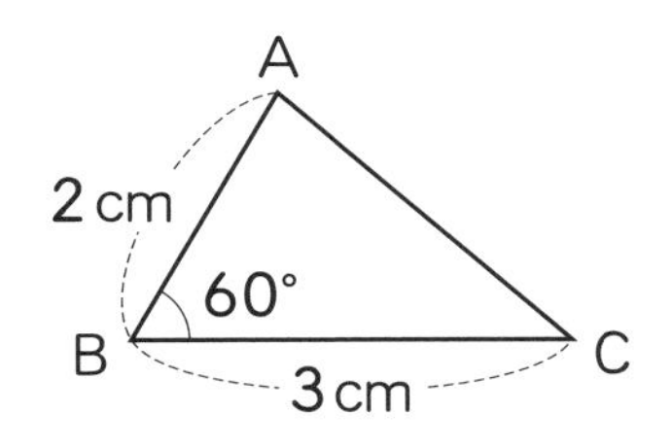

① 2 倍の拡大図

② $\frac{1}{2}$ の縮図

拡大図と縮図

拡大図と縮図のかき方③

▶▶▶ 答えは別冊6ページ

1問50点

1 点B(ビー)を中心にして，下の三角形ABC(エービーシー)の2倍の拡大図(かくだいず)をかきましょう。

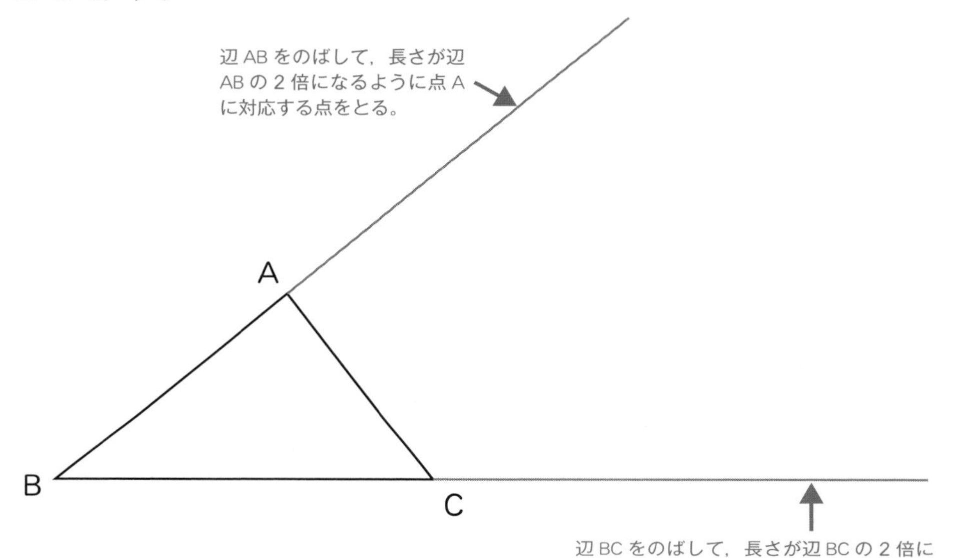

2 点Bを中心にして，下の三角形ABCの$\frac{1}{2}$の縮図(しゅくず)をかきましょう。

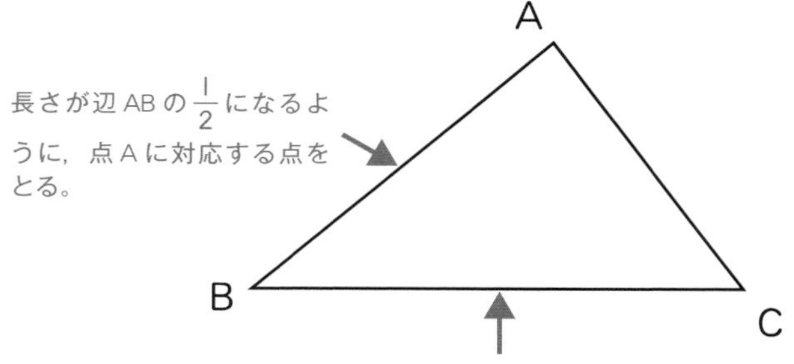

拡大図と縮図

拡大図と縮図のかき方③

▶▶▶ 答えは別冊7ページ

点数　点

1問50点

1 点B(ビー)を中心にして，下の四角形ABCD(エービーシーディー)の2倍の拡大図(かくだいず)をかきましょう。

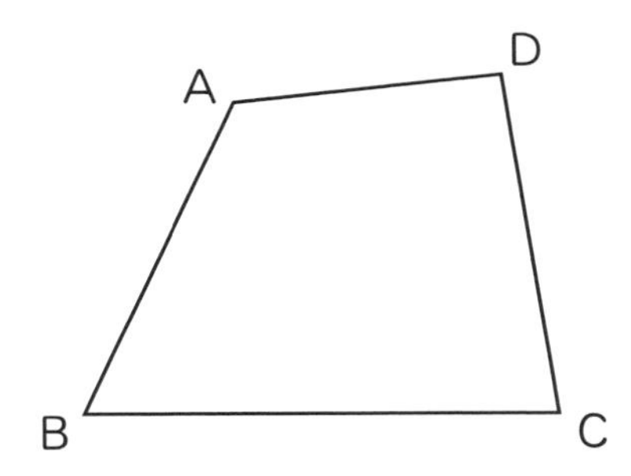

2 点Bを中心にして，下の四角形ABCDの$\frac{1}{2}$の縮図(しゅくず)をかきましょう。

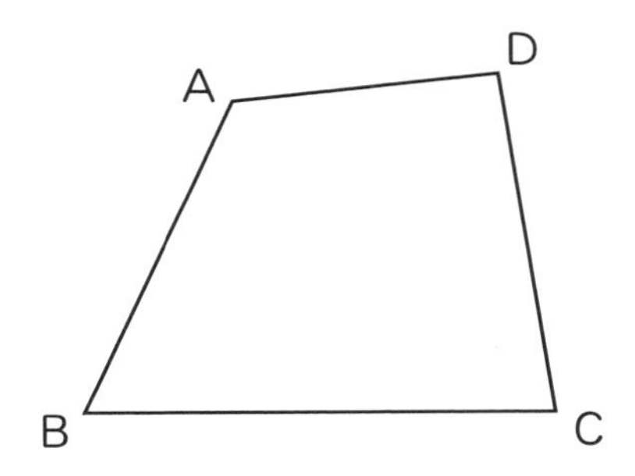

拡大図と縮図
縮図の利用

▶▶▶ 答えは別冊7ページ

1問25点　　点数　　点

1 下の図は，花だんの $\frac{1}{200}$ の縮図(しゅくず)です。

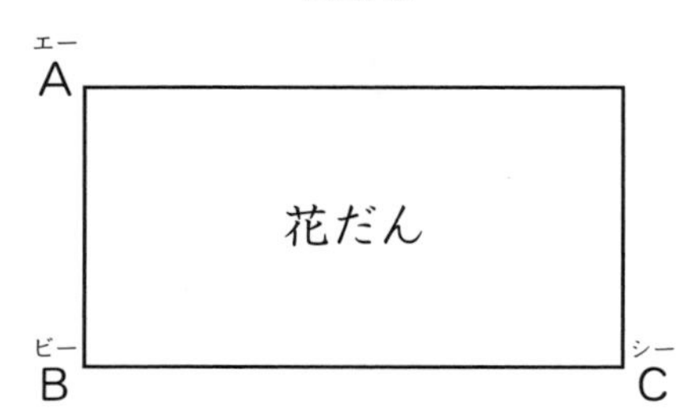

① 縮図で1cmの長さは，実際には何mですか。

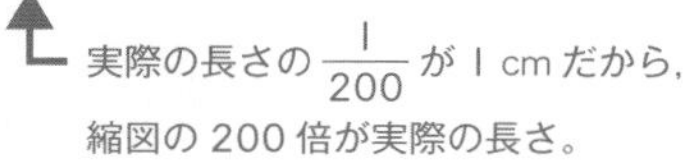

実際の長さの $\frac{1}{200}$ が1cmだから，縮図の200倍が実際の長さ。

□ m

② 花だんのAB，BCの長さは，実際には何mですか。

縮図のABの長さをはかって200倍する。

縮図のBCの長さをはかって200倍する。

AB □ m

BC □ m

2 下の図は，公園の $\frac{1}{5000}$ の縮図です。点Aから点Bまでの直線きょりは何mですか。

縮図のABの長さをはかって，5000倍する。

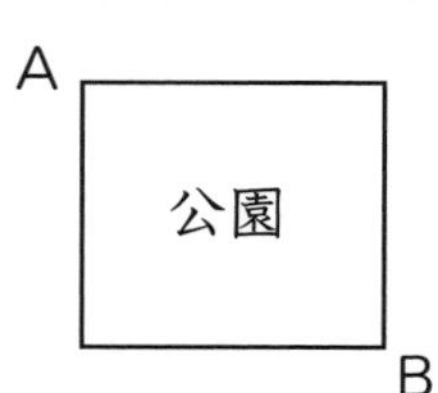

□ m

勉強した日  月  日

拡大図と縮図
縮図の利用

▶▶▶ 答えは別冊 7 ページ

1 問 25 点

1 下の図は，校舎の $\frac{1}{1000}$ の縮図(しゅくず)です。

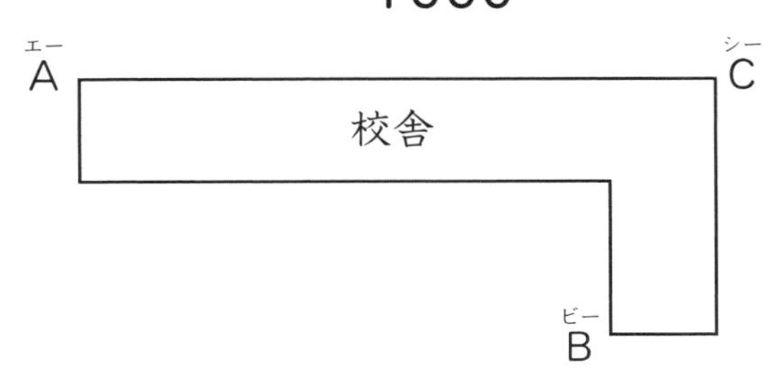

① 縮図で 1 cm の長さは，実際には何 m ですか。

□ m

② 校舎の点 A から点 B まで，点 B から点 C までの直線きょりは何 m ですか。

点 A から点 B まで □ m

点 B から点 C まで □ m

2 下の図は，図書館の $\frac{1}{2000}$ の縮図です。点 A から点 B までの直線きょりは何 m ですか。

A

図書館

B

□ m

比例と反比例

比例

下の表は，針金（はりがね）の長さと重さの関係を表したものです。

長さ x（エックス）（m）	1	2	3	4	5	6
重さ y（ワイ）（g）	4	8	12	16	20	24

①重さは長さに比例しますか。

x の値が2倍，3倍，…になると，y の値も2倍，3倍，…になっている。

②y の値（あたい）を x の値でわった商を求めましょう。

決まった数になる。

③x と y の関係を式に表しましょう。

$y=$ □ $\times x$

④この針金10mの重さは何gですか。

x に10をあてはめる。

□ g

⑤この針金36gの長さは何mですか。

y に36をあてはめる。

□ m

覚えよう

● y が x に比例するとき，x と y の関係は次の式で表せます。

□ ＝決まった数 × □

比例と反比例

比例

▶▶▶ 答えは別冊 7 ページ

1 問 20 点

点

下の表は，直方体の形の水そうに水を入れたときの，入れる時間と水の深さの関係を表したものです。

時間 x（分）	1	2	3	4	5	6
深さ y（cm）	5	10	15	20	25	30

① 水の深さは水を入れる時間に比例しますか。

② y の値を x の値でわった商を求めましょう。

③ x と y の関係を式に表しましょう。

④ 水を入れた時間が 9 分のときの水の深さは何 cm ですか。

cm

⑤ 水の深さが 70 cm になるのは，水を入れた時間が何分のときですか。

分

比例の性質

▶▶▶ 答えは別冊 7 ページ

①：20 点　②・③：1 問 40 点

点

下の表は，縦（たて）の長さが 6 cm の長方形の横の長さと面積の関係を表したものです。

横の長さ　x（エックス）(cm)	1	2	3	4	5	6
面積　y（ワイ）(cm²)	6	12	18	24	30	36

① 面積は横の長さに比例しますか。

↑ 長方形の面積＝縦×横

② x の値が 1.5 倍になると，y の値（あたい）は何倍になりますか。

□ 倍

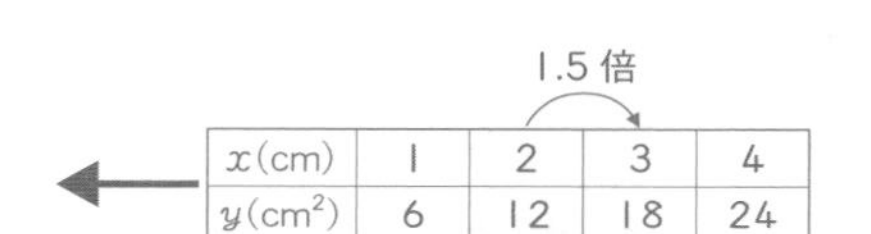

③ x の値が $\frac{1}{2}$ 倍，$\frac{1}{3}$ 倍，…になると，y の値はどのように変わりますか。

□ 倍，□ 倍，…になる。

x(cm)	1	2	3	4
y(cm²)	6	12	18	24

$\frac{1}{2}$ 倍　$\frac{1}{3}$ 倍　□倍　□倍

覚えよう

● y が x に比例するとき，x の値が $\frac{1}{2}$ 倍，$\frac{1}{3}$ 倍，…になると，それにともなって，y の値も  倍， 倍，…になります。

比例と反比例
比例の性質

答えは別冊 8 ページ

1 問 20 点　　点

下の表は，分速 70 m で歩く人の歩く時間と道のりの関係を表したものです。

時間　x（分）	1	2	3	4
道のり　y（m）	70			

① 表のあいているところに，あてはまる数を書きましょう。

② 道のりは歩く時間に比例しますか。

③ x の値が 2.5 倍になると，y の値は何倍になりますか。

倍

④ x の値が $\frac{1}{4}$ 倍になると，y の値は何倍になりますか。

倍

⑤ 4.5 分歩いたときの道のりは何 m ですか。

m

比例と反比例
比例のグラフ

▶▶▶ 答えは別冊 8 ページ

1 問 50 点　　　点

下の表は，直方体の形の水そうに水を入れるときの，入れる時間と水の深さの関係を表したものです。

時間 x（分）	0	1	2	3	4	5
深さ y（cm）	0	5	10	15	20	25

①x と y の関係をグラフに表しましょう。

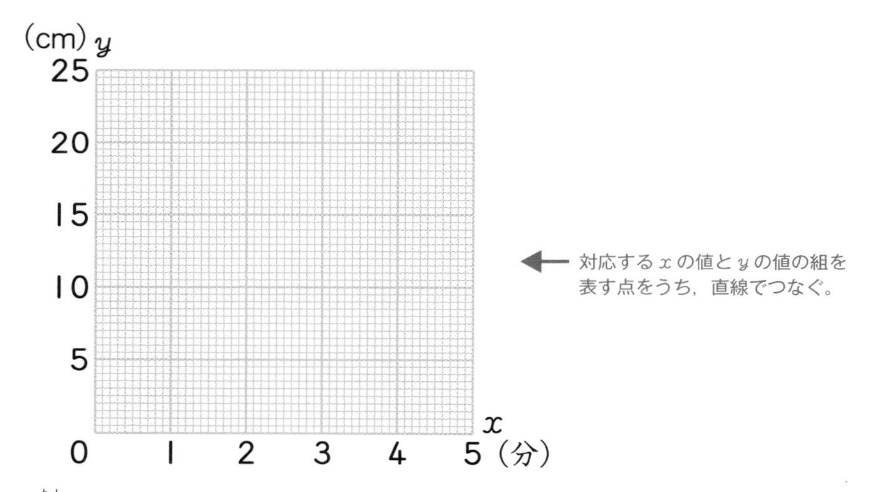

← 対応する x の値と y の値の組を表す点をうち，直線でつなぐ。

②x の値が 4.5 のときの y の値を求めましょう。

↑ 横の軸が 4.5 のところの縦の軸のめもりを見る。

覚えよう！

● 比例する関係を表すグラフは，0 の点を通る［　　　］になります。

比例と反比例
比例のグラフ

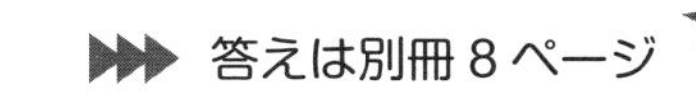

①・②：1問30点　③：40点

下の表は，底辺が2cmの平行四辺形の高さと面積の関係を表したものです。

高さ x（cm）	0	1	2	3	4
面積 y（cm^2）	0	2			

①表のあいているところにあてはまる数を書きましょう。

②xとyの関係をグラフに表しましょう。

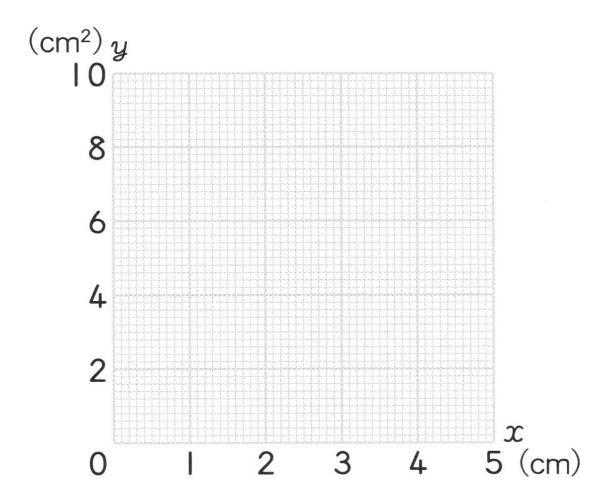

③xの値が3.5のときのyの値を求めましょう。

勉強した日　　月　　日

比例と反比例
反比例

理解

答えは別冊 8 ページ

1 問 25 点

下の表は，面積が 24 cm² の長方形の縦(たて)の長さと横の長さの関係を表したものです。

y cm

x cm　24 cm²

縦の長さ x(エックス)(cm)	1	2	3	4	5	6
横の長さ y(ワイ)(cm)	24	12	8	6	4.8	4

① 横の長さは縦の長さに反比例しますか。

縦の長さが 2 倍，3 倍，…になると横の長さは $\frac{1}{2}$ 倍，$\frac{1}{3}$ 倍，…になる。

② x と y の関係を式に表しましょう。

長方形の面積＝縦×横

y ＝ □ ÷ x

③ 縦の長さが 8 cm のとき，横の長さは何 cm ですか。

x に 8 をあてはめる。

□ cm

④ 横の長さが 10 cm のとき，縦の長さは何 cm ですか。

y に 10 をあてはめる。

cm

覚えよう！

● y が x に反比例するとき，x と y の関係は次の式で表せます。

□ ＝ 決まった数 ÷ □

勉強した日　　月　　日

比例と反比例
反比例

答えは別冊 8 ページ

点数　　点

1 問 20 点

下の表は，A（エー）市からB（ビー）市まで自動車で行くときの，時速とかかる時間の関係を表したものです。

時速 x（エックス）(km)	10	20	30	40	50	60
時間 y（ワイ）（時間）	24	12	8	6	4.8	4

① かかる時間は時速に反比例しますか。

② x の値（あたい）と y の値の積を求めましょう。

③ x と y の関係を式に表しましょう。

④ 時速 48 km で走るとき，かかる時間は何時間ですか。

時間

⑤ 3 時間で B 市まで行くには，時速何 km で走ればよいですか。

時速　　km

勉強した日　月　日

比例と反比例
反比例の性質

▶▶▶ 答えは別冊 9 ページ

①：20 点　②・③：1 問 40 点

下の表は，30 kg の米を何人かで等分するときの，人数と１人分の重さの関係を表したものです。

人数　x（人）	1	2	3	4	5	6
1 人分の重さ　y（kg）	30	15	10	7.5	6	5

① 1 人分の重さは人数に反比例しますか。

人数 × 1 人分の重さ ＝30

［　　　　］

② x の値が 2 倍，3 倍，…になると，y の値はどのように変わりますか。

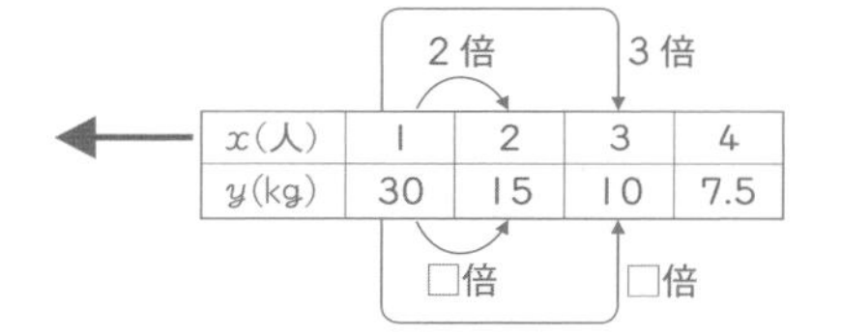

［　］倍，［　］倍，…になる。

③ x の値が $\frac{1}{2}$ 倍になると，y の値は何倍になりますか。

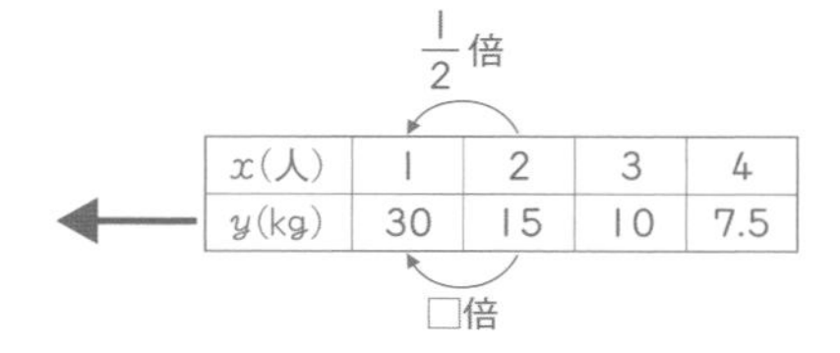

［　　］倍

覚えよう！

● y が x に反比例するとき，x の値が 2 倍，3 倍，…になると，それにともなって，y の値は［　］倍，［　］倍，…になります。

比例と反比例

反比例の性質

答えは別冊９ページ

点数　　点

１問 20 点

下の表は，36 L 入る水そうに水を入れるとき，１分間に入れる水の量といっぱいになるまでにかかる時間の関係を表したものです。

１分間に入れる水の量 x（L）	1	2	3	4
かかる時間　y（分）	36			

①表のあいているところにあてはまる数を書きましょう。

②かかる時間は入れる水の量に反比例しますか。

③ x の値が４倍になると，y の値は何倍になりますか。

倍

④ x の値が $\frac{1}{5}$ 倍になると，y の値は何倍になりますか。

倍

⑤１分間に９L 入れるとき，いっぱいになるまでに何分かかりますか。

分

勉強した日　月　日

比例と反比例

比例と反比例

理解

▶▶▶ 答えは別冊 9 ページ

点数　点

1 問 25 点

1 下の表は，x（エックス）と y（ワイ）の関係を表したものです。

㋐

x	1	2	3	4	5	6
y	8	7	6	5	4	3

㋑

x	1	2	3	4	5	6
y	12	24	36	48	60	72

㋒

x	1	2	3	4	5	6
y	12	6	4	3	2.4	2

㋓

x	1	2	3	4	5	6
y	1	4	9	16	25	36

① 比例の関係を表しているものはどれですか。

↑ x の値が 2 倍，3 倍，…となると，y の値も 2 倍，3 倍，…となる。

② 反比例の関係を表しているものはどれですか。

↑ x の値が 2 倍，3 倍，…となると，y の値は $\frac{1}{2}$ 倍，$\frac{1}{3}$ 倍，…となる。

2 次の㋐～㋒のうち，x と y の関係が比例の関係であるものと反比例の関係であるものをそれぞれ選びなさい。

㋐　1 辺の長さが x cm の正方形の面積 y cm^2

㋑　20 km の道のりを時速 x km で進んだときのかかる時間 y 分

㋒　1 個 x 円のみかんを 9 個買ったときの代金 y 円

比例　　　反比例

覚えよう！

● x と y が比例の関係にあるとき，y＝決まった数 □ x と表せます。

x と y が反比例の関係にあるとき，y＝決まった数 □ x と表せます。

勉強した日　月　日

52 比例と反比例

比例と反比例

練習

▶▶▶ 答えは別冊 9 ページ

点数　点

1 問 25 点

1 下の表は，x と y の関係を表したものです。

㋐

x	1	2	3	4	5	6
y	3	6	9	12	15	18

㋑

x	1	2	3	4	5	6
y	8	10	12	14	16	18

㋒

x	1	2	3	4	5	6
y	24	21	18	15	12	10

㋓

x	1	2	3	4	5	6
y	18	9	6	4.5	3.6	3

① 比例の関係を表しているものはどれですか。

② 反比例の関係を表しているものはどれですか。

2 次の㋐～㋓のうち，x と y の関係が比例の関係であるものと反比例の関係であるものをそれぞれ選びなさい。

㋐　1 個 120 円のりんごを x 個買って，5000 円はらったときのおつり y 円

㋑　半径が x cm の円周の長さ y cm

㋒　60 L 入る水そうに，1 分間に x L ずつ水を入れたとき，満水になるまでにかかる時間 y 分

㋓　身長が x cm の人の体重 y kg

比例　　　反比例

53 比例と反比例のまとめ
暗号ゲーム

▶▶▶ 答えは別冊9ページ

下の表に入る数を求めて，答えにあるひらがなを
①から⑩まで順番にならべましょう。

あ この表のx（エックス）とy（ワイ）は比例しています。

x	①	6	8	10	④	20
y	12	②	48	③	90	⑤

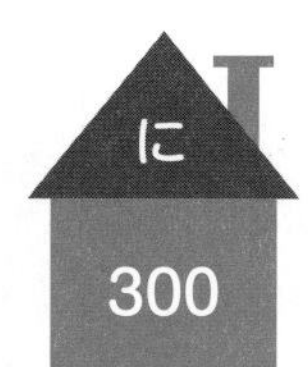

い この表のxとyは反比例しています。

x	0.2	⑦	12	15	⑨	60
y	⑥	6	⑧	4	3	⑩

円の面積

円の面積

答えは別冊９ページ

①・②：１問30点　③：40点

次の円の面積を求めましょう。

①

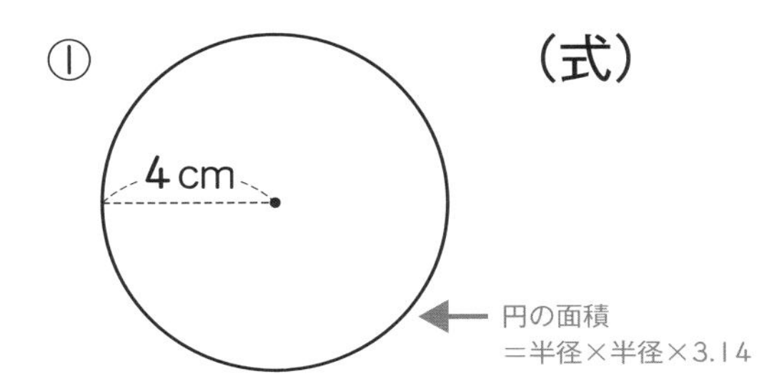

（式）

答え ＿＿＿＿ cm^2

②

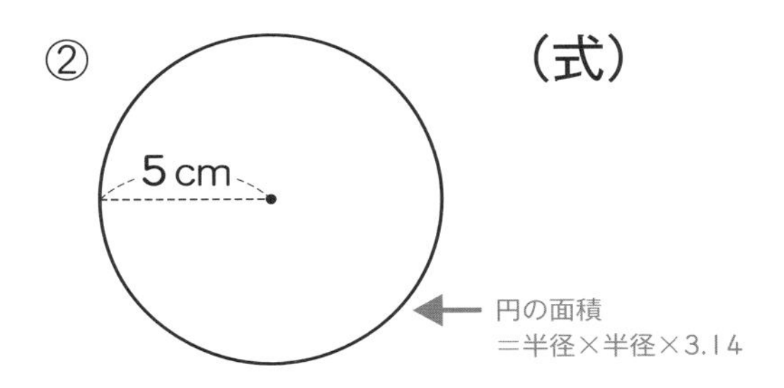

（式）

答え ＿＿＿＿ cm^2

③

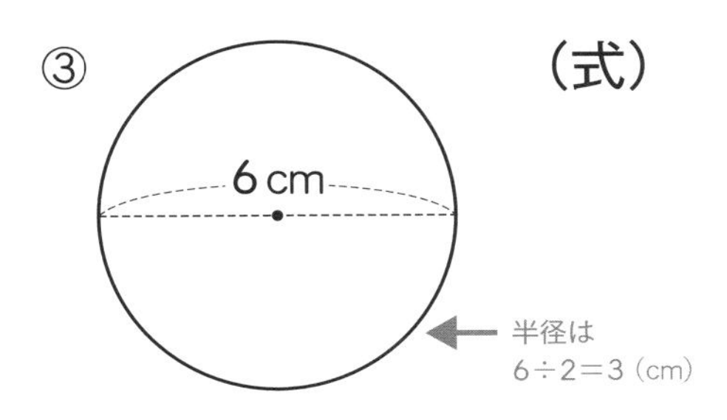

（式）

答え ＿＿＿＿ cm^2

覚えよう！

● 円の面積 ＝ ＿＿＿＿ × ＿＿＿＿ × 3.14

▶▶▶ 答えは別冊 10 ページ

1 問 25 点

次の円の面積を求めましょう。

①

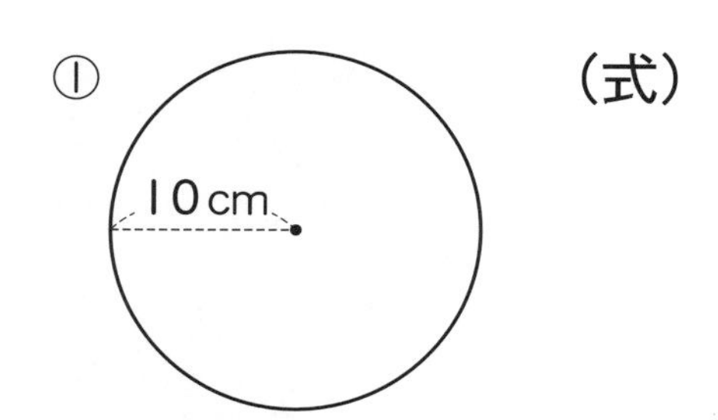

（式）

答え ［　　　］ cm^2

②

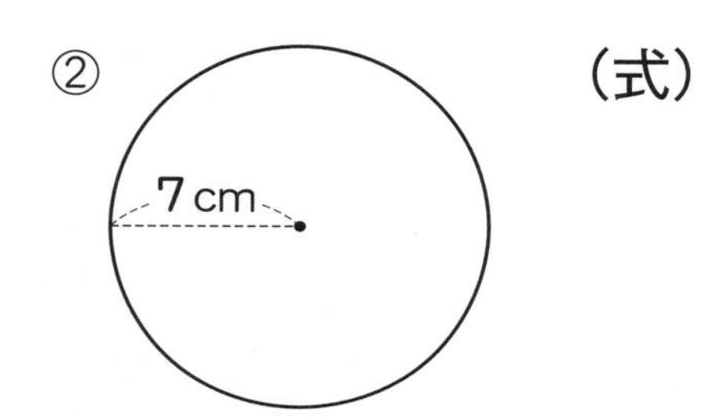

（式）

答え ［　　　］ cm^2

③

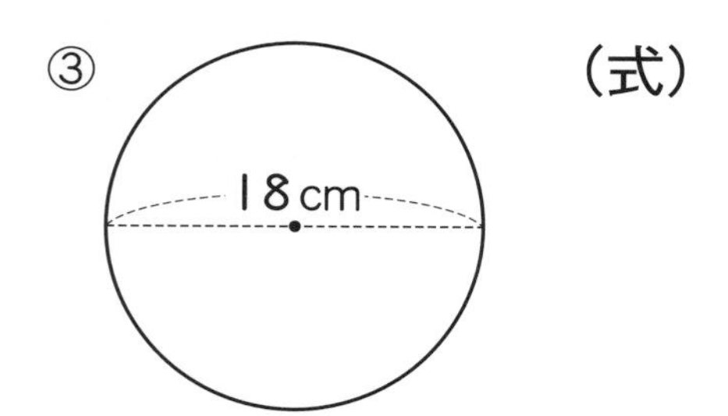

（式）

答え ［　　　］ cm^2

④

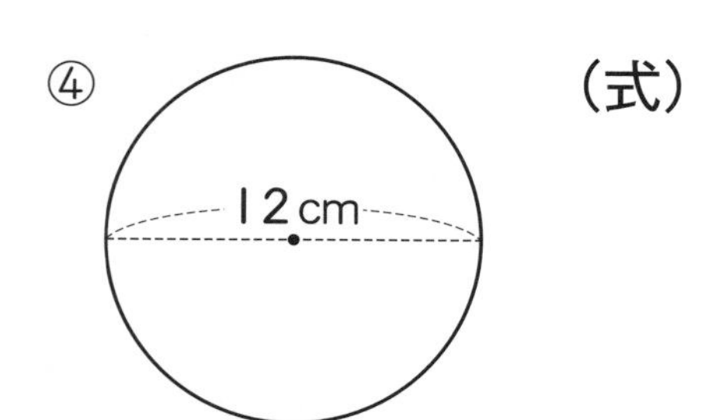

（式）

答え ［　　　］ cm^2

勉強した日　月　日

56 円の面積
いろいろな形の面積①

▶▶▶ 答えは別冊 10 ページ

①・②：1 問 30 点　③：40 点

点数　点

下の形の面積を求めましょう。

①
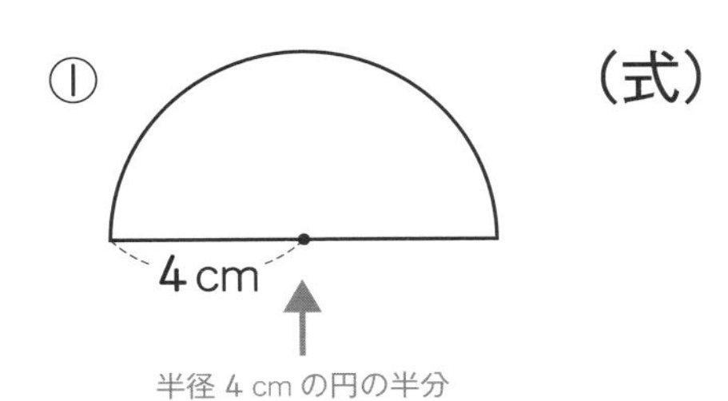

（式）

答え　　　cm^2

②
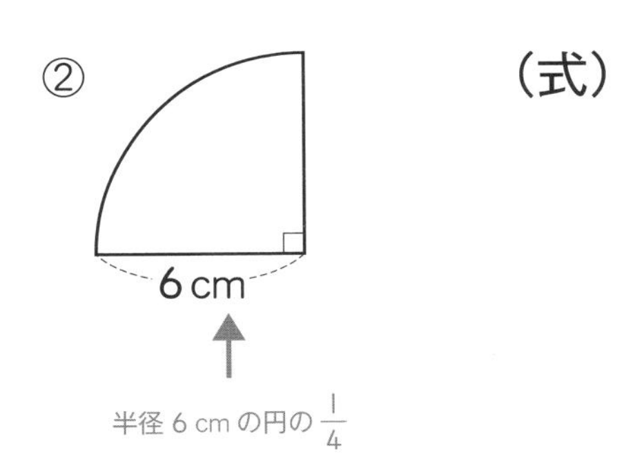

（式）

答え　　　cm^2

③
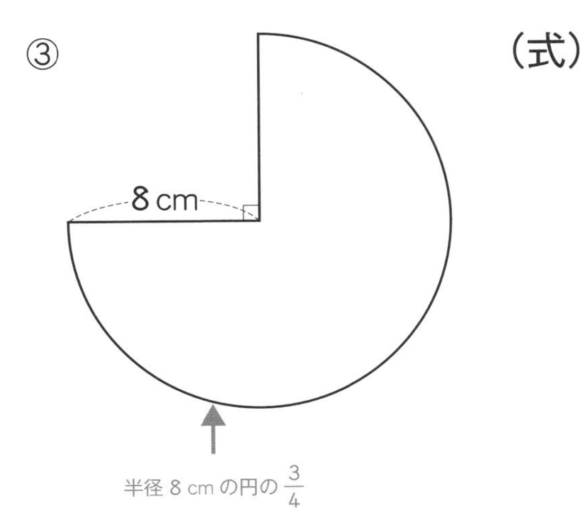

（式）

答え　　　cm^2

円の面積

いろいろな形の面積①

▶▶▶ 答えは別冊 10 ページ

①・②：1 問 30 点　③：40 点

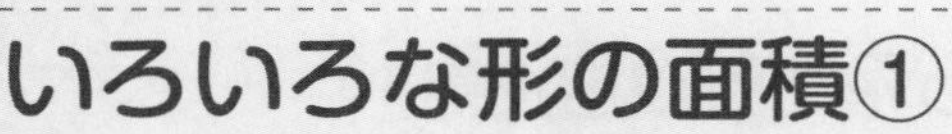

下の形の面積を求めましょう。

①

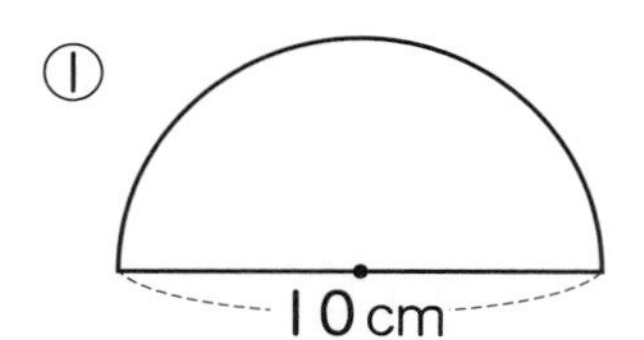

（式）

答え　　　　　cm^2

②

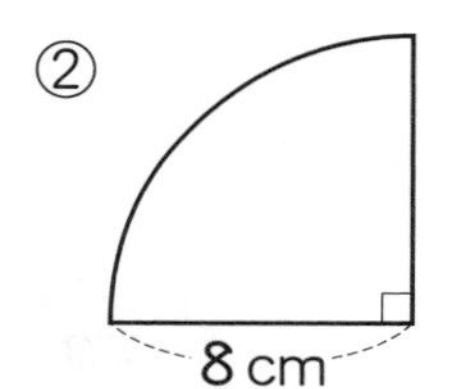

（式）

答え　　　　　cm^2

③

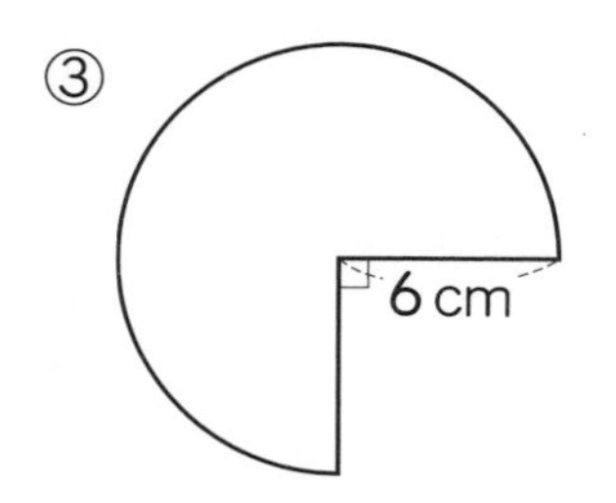

（式）

答え　　　　　cm^2

勉強した日　　月　　日

円の面積

いろいろな形の面積②

▶▶▶ 答えは別冊 10 ページ

①・②：1 問 30 点　③：40 点

黒くぬった部分の面積を求めましょう。

①

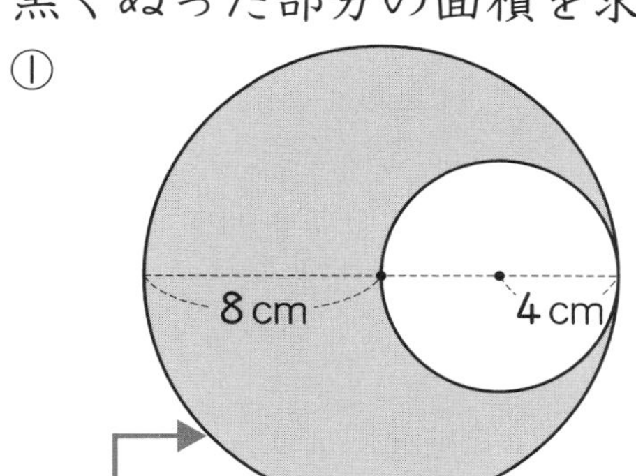

（式）

答え　　　　cm^2

②

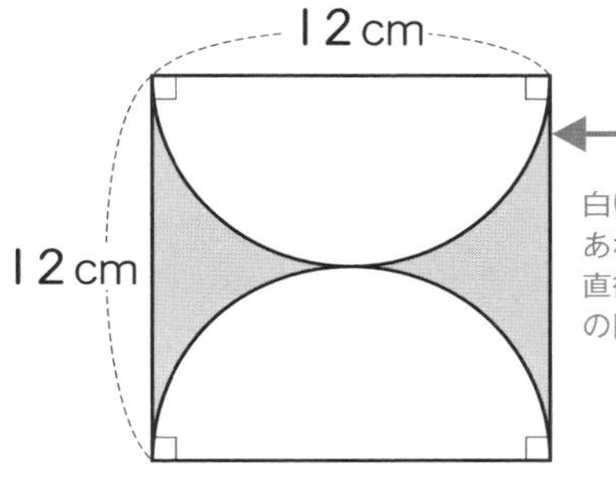

（式）

答え　　　　cm^2

③

10 cm

10 cm

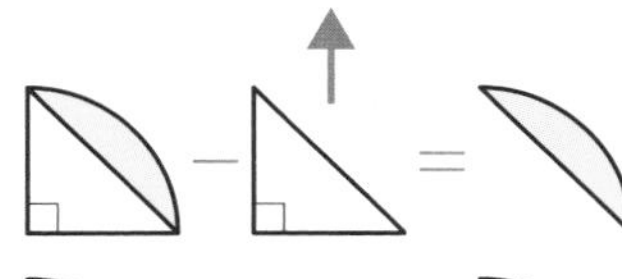

（式）

答え　　　　cm^2

勉強した日　　月　　日

円の面積
いろいろな形の面積②

練習

▶▶▶ 答えは別冊 10 ページ

1 問 25 点

点数　　　点

黒くぬった部分の面積を求めましょう。

①

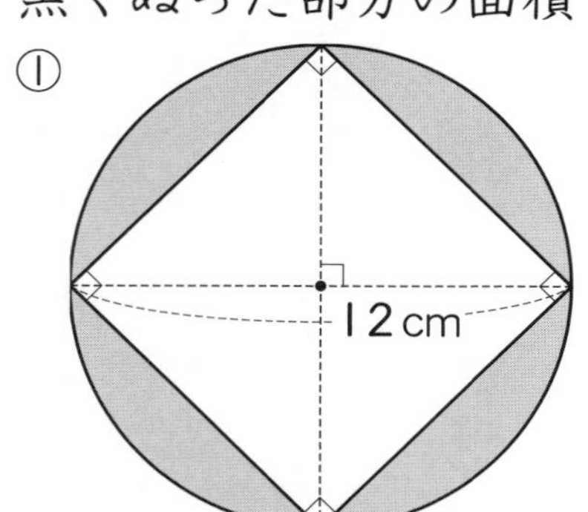

（式）

答え　　　cm²

②

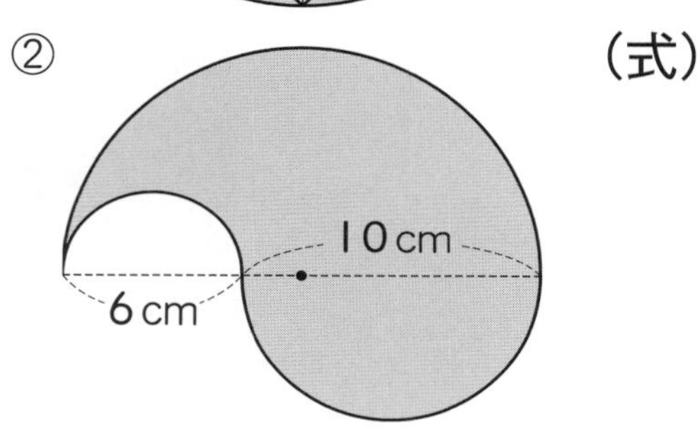
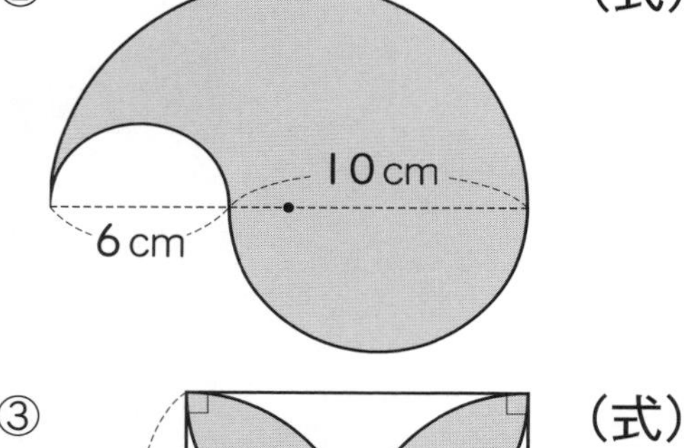

（式）

答え　　　cm²

③

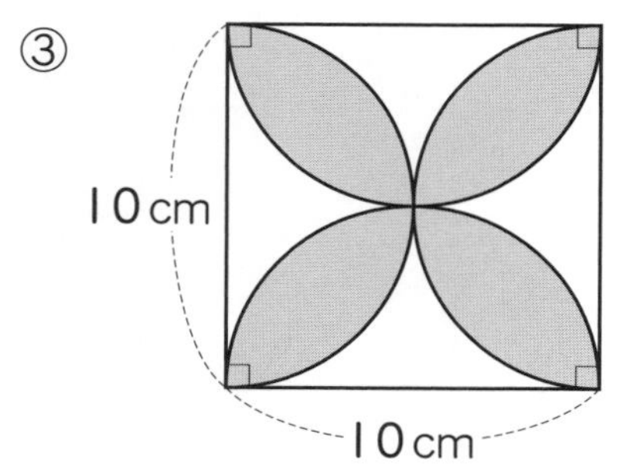

（式）

答え　　　cm²

④

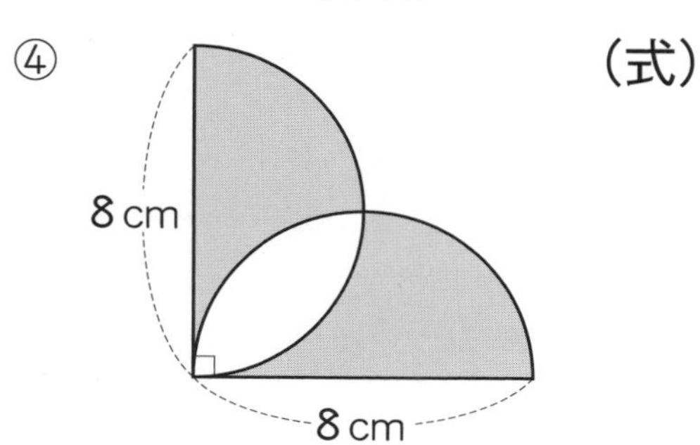

（式）

答え　　　cm²

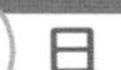

60

円の面積のまとめ

ピザを食べよう

▶▶▶答えは別冊11ページ

かずやさんと妹のゆうこさんはおやつにピザを食べました。2人が食べたピザは，あ～かのどれでしょう。

あ

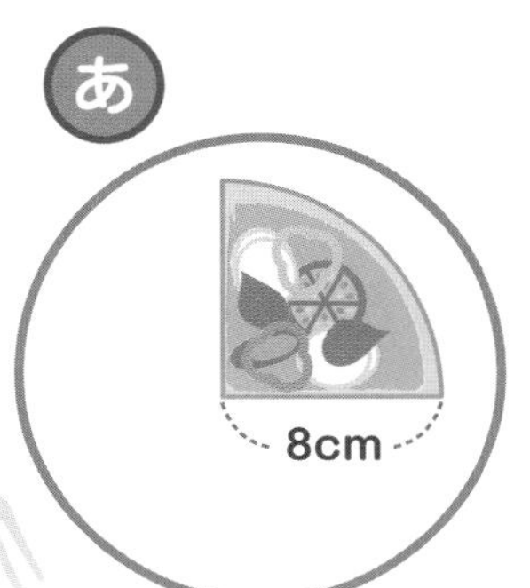

い

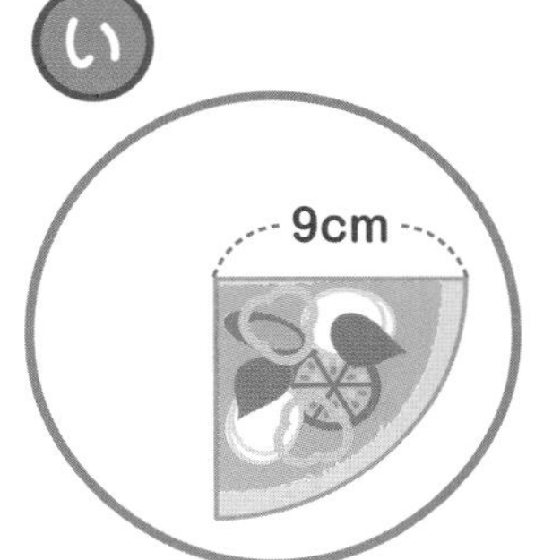

う

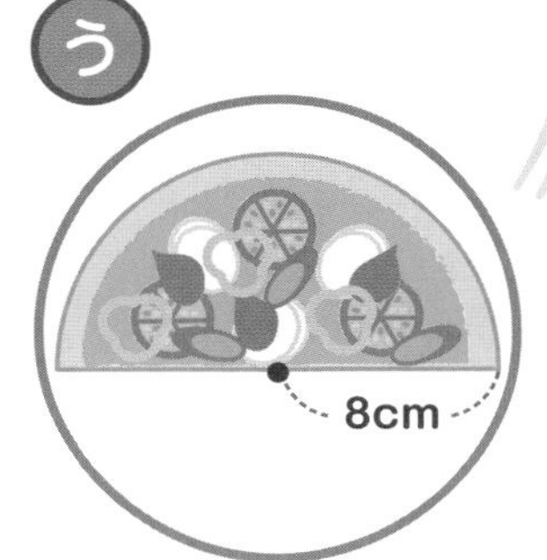

え

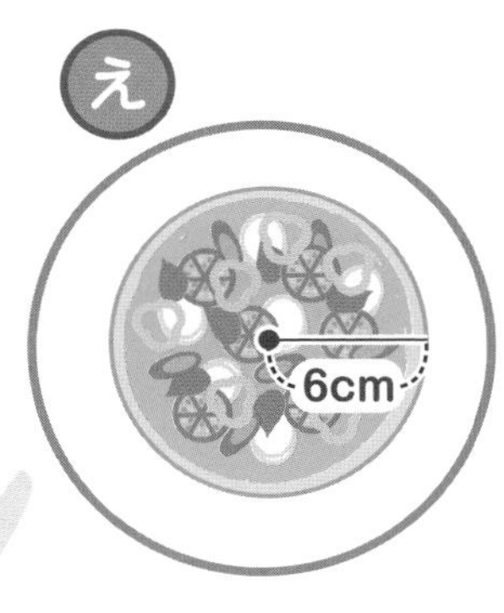

お

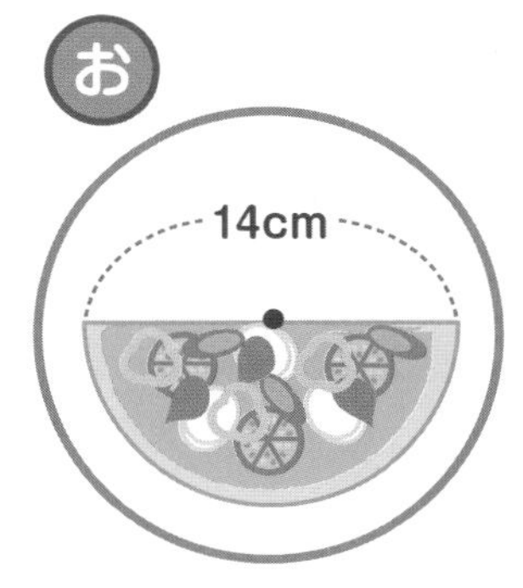

か

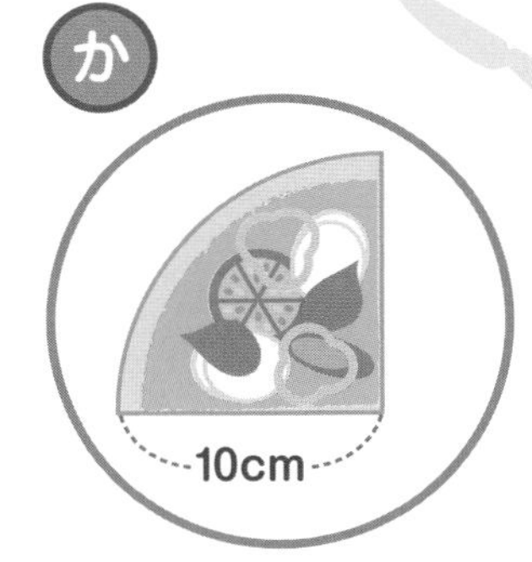

いちばん大きいピザを食べたよ。

2番目に小さいピザを食べたよ。

かずやさん　□のピザ

ゆうこさん　□のピザ

角柱と円柱の体積
角柱の体積

答えは別冊 11 ページ
①・②：1 問 30 点　③：40 点

下の角柱の体積を求めましょう。

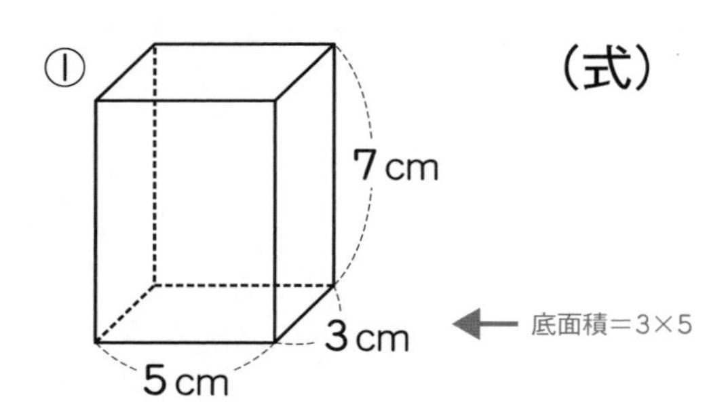

（式）

答え　　　　cm³

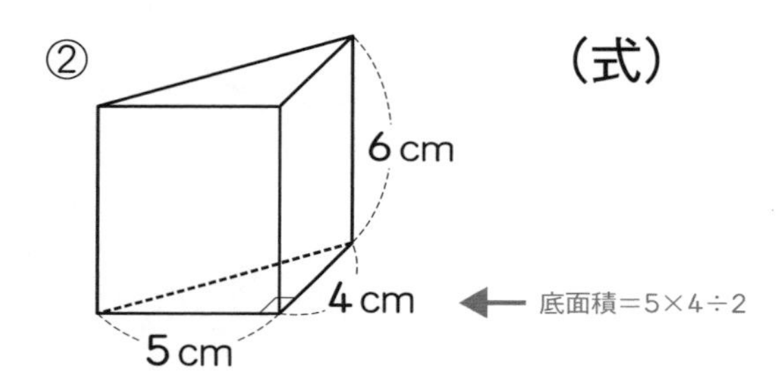

（式）

答え　　　　cm³

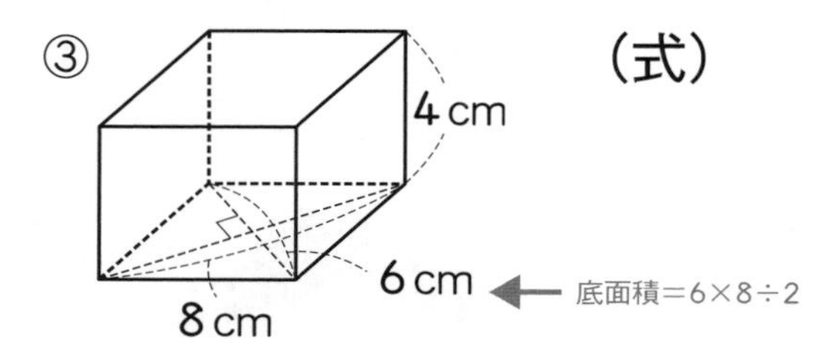

（式）

答え　　　　cm³

覚えよう

● 角柱の体積 ＝ □ × □

勉強した日　　月　　日

62 角柱と円柱の体積
角柱の体積

▶▶▶ 答えは別冊 11 ページ

1 問 25 点

下の角柱の体積を求めましょう。

①

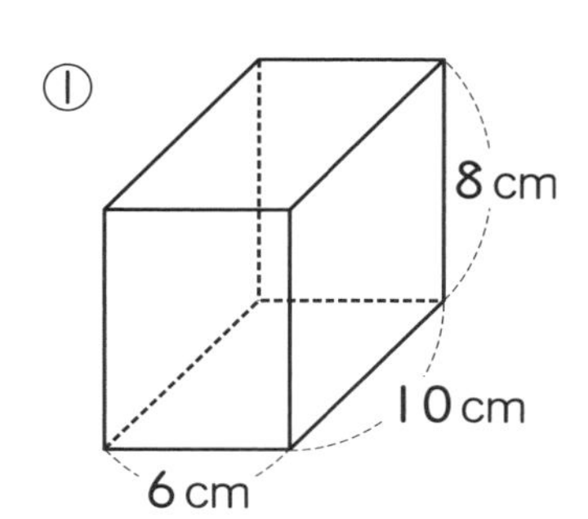

（式）

答え ＿＿＿ cm^3

②

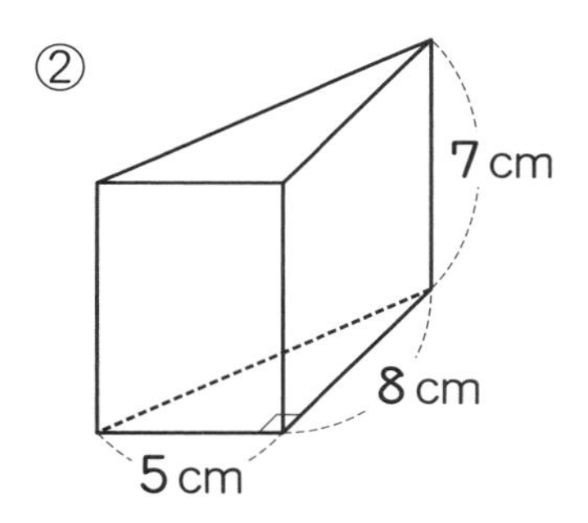

（式）

答え ＿＿＿ cm^3

③

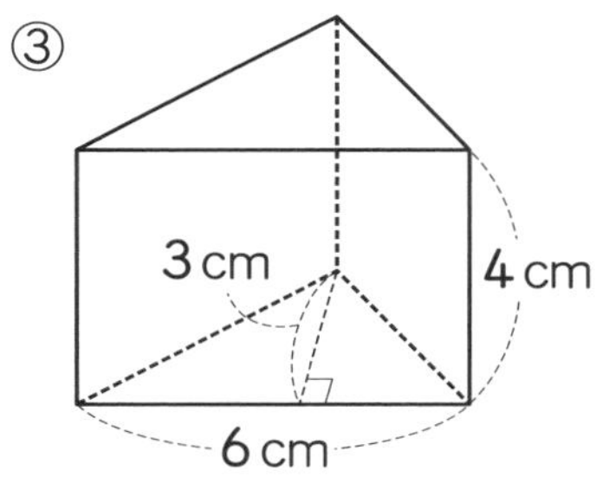

（式）

答え ＿＿＿ cm^3

④

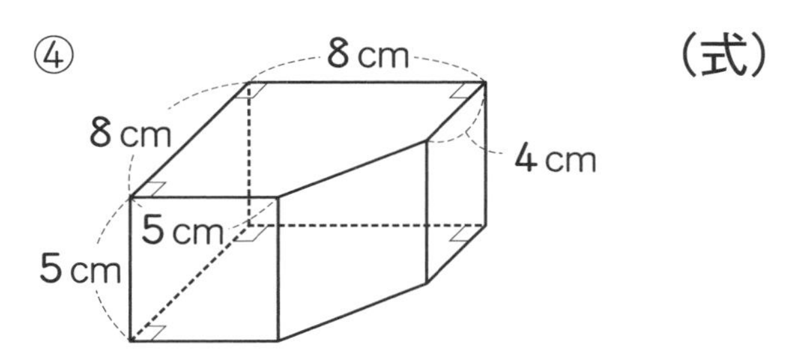

（式）

答え ＿＿＿ cm^3

角柱と円柱の体積
角柱の体積

答えは別冊 11 ページ

1 問 25 点

下の角柱の体積を求めましょう。

①

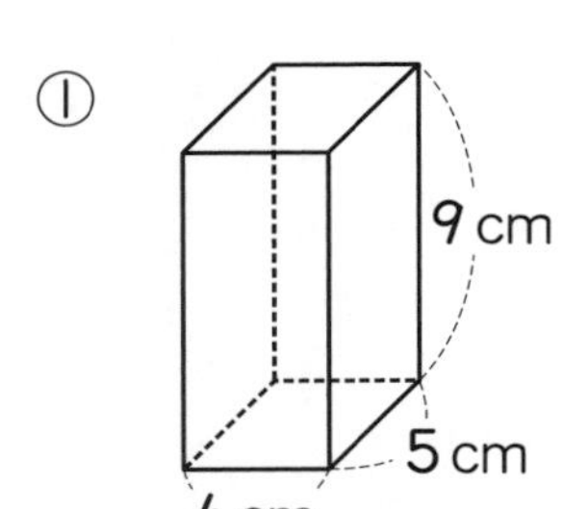

（式）

答え ＿＿＿ cm^3

②

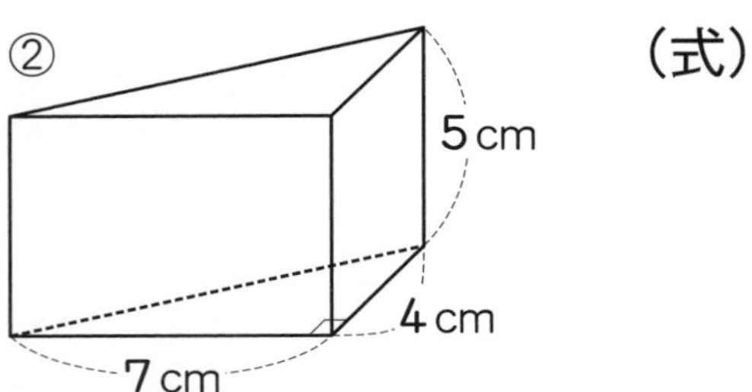
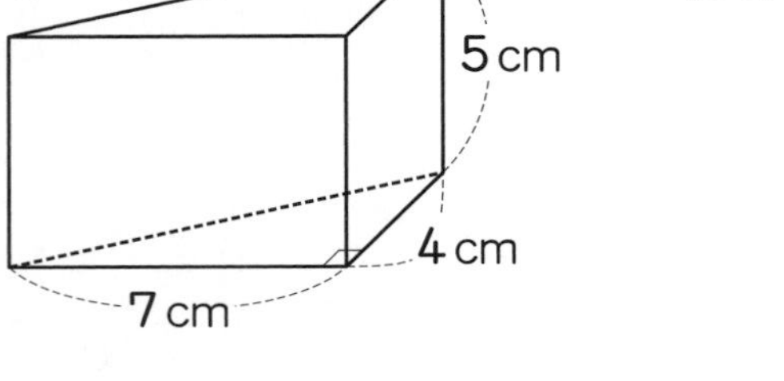

（式）

答え ＿＿＿ cm^3

③

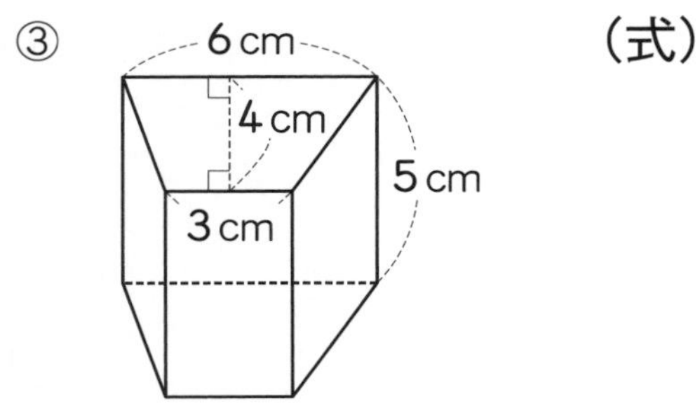

（式）

答え ＿＿＿ cm^3

④

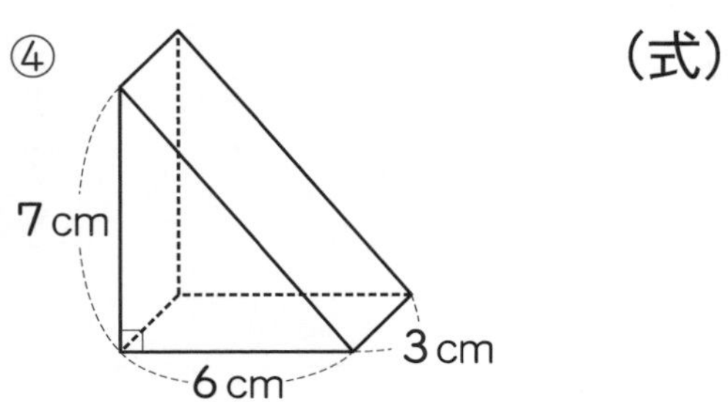

（式）

答え ＿＿＿ cm^3

角柱と円柱の体積

円柱の体積

答えは別冊 11 ページ
①・②：1 問 30 点　③：40 点

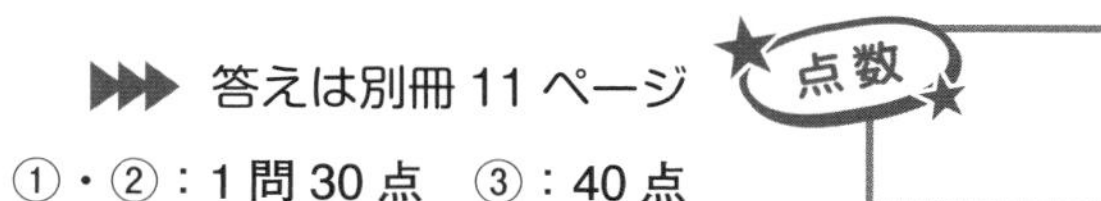

下の円柱の体積を求めましょう。

①

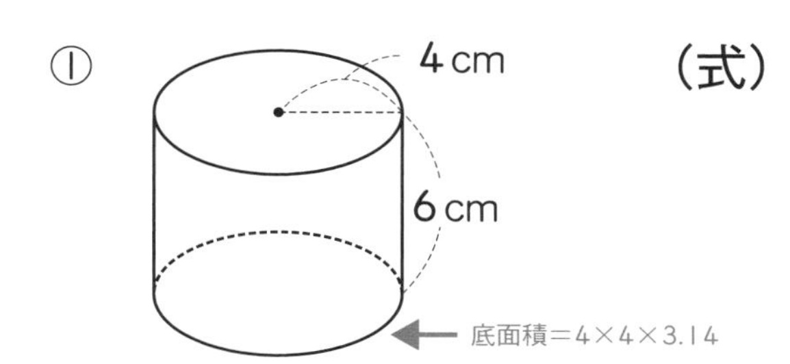

（式）

答え ＿＿＿ cm^3

②

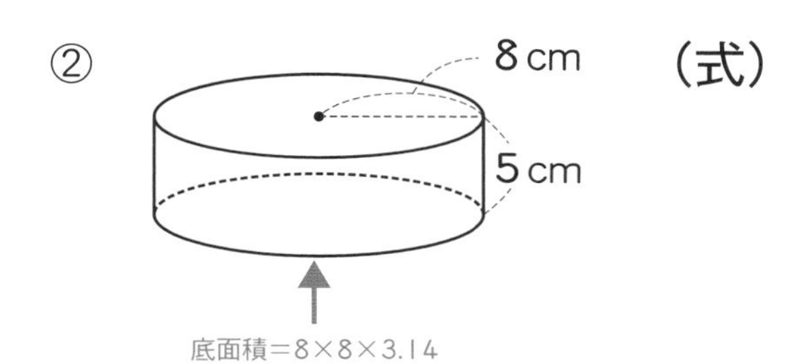

（式）

答え ＿＿＿ cm^3

③

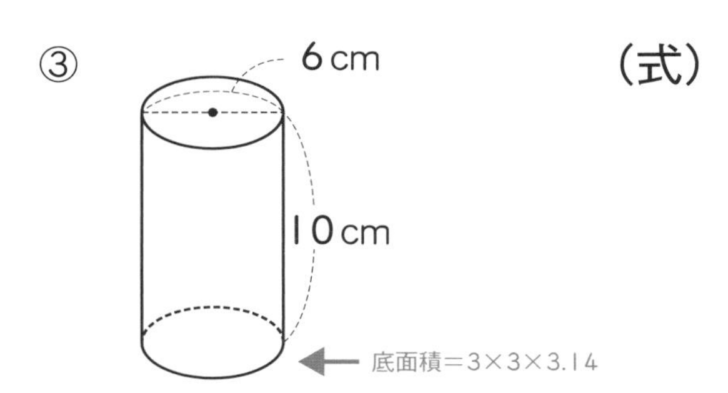

（式）

答え ＿＿＿ cm^3

覚えよう！

● 円柱の体積 ＝ ＿＿＿ × ＿＿＿

角柱と円柱の体積

円柱の体積

▶▶▶ 答えは別冊 11 ページ

1問 25 点

下の立体の体積を求めましょう。

①

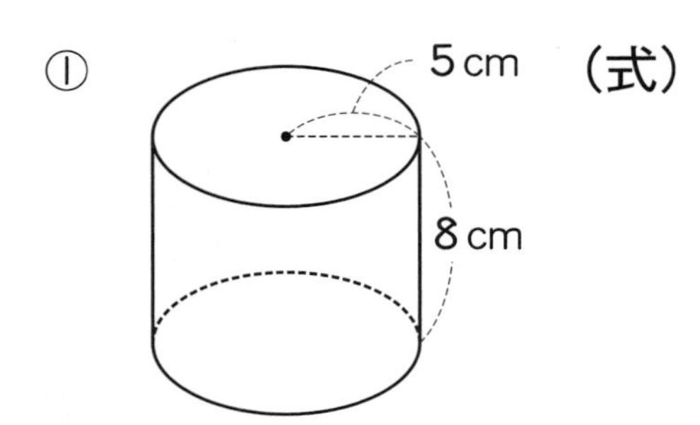

（式）

答え ＿＿＿＿ cm^3

②

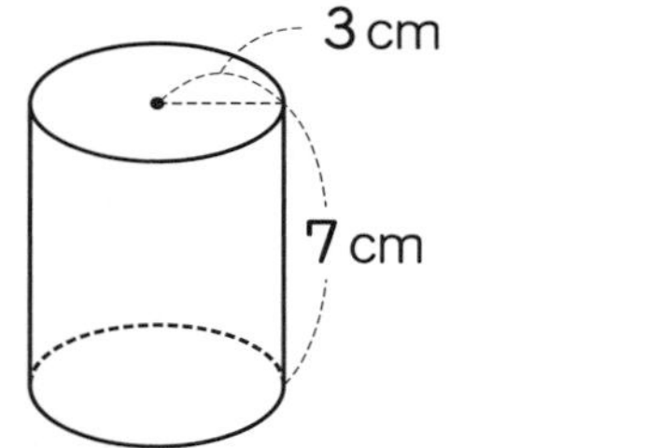

（式）

答え ＿＿＿＿ cm^3

③ 4cm 5cm

（式）

答え ＿＿＿＿ cm^3

④ 6cm 8cm

（式）

答え ＿＿＿＿ cm^3

勉強した日　　月　　日

角柱と円柱の体積

いろいろな立体の体積

▶▶▶ 答えは別冊 12 ページ

①・②：1 問 30 点　③：40 点

点数　　点

次の立体の体積を求めましょう。

①

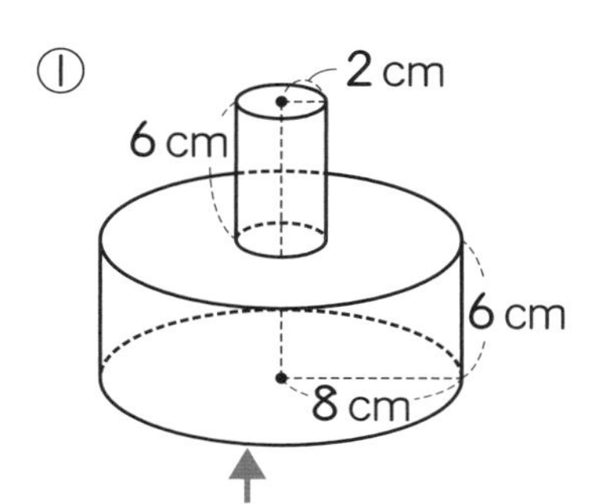

2 つの円柱の体積をたす。

（式）

答え　　cm^3

②

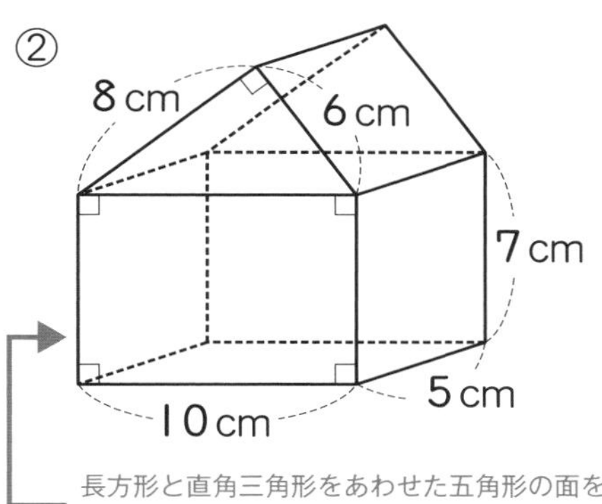

長方形と直角三角形をあわせた五角形の面を底面とする。
底面積×高さで求める。

（式）

答え　　cm^3

③

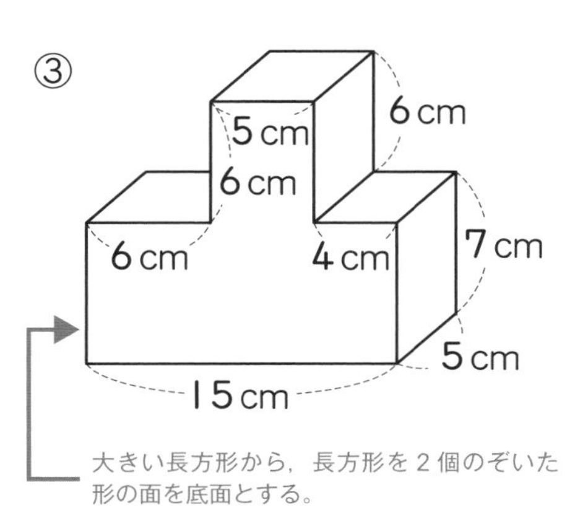

大きい長方形から，長方形を 2 個のぞいた形の面を底面とする。
底面積×高さで求める。

（式）

答え　　cm^3

角柱と円柱の体積
いろいろな立体の体積

答えは別冊 12 ページ

1 問 25 点

次の立体の体積を求めましょう。

①

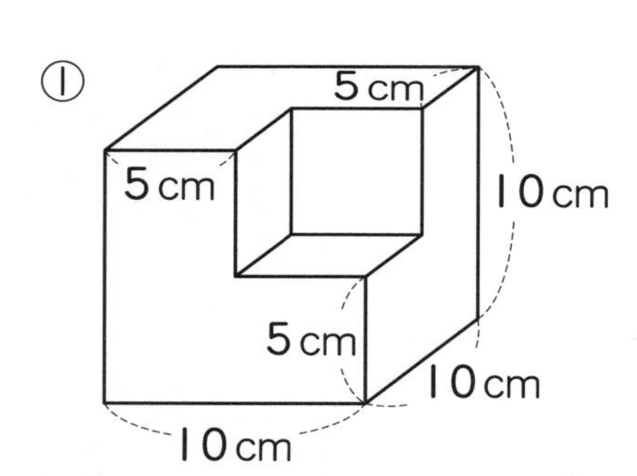

（式）

答え ＿＿＿＿ cm^3

②

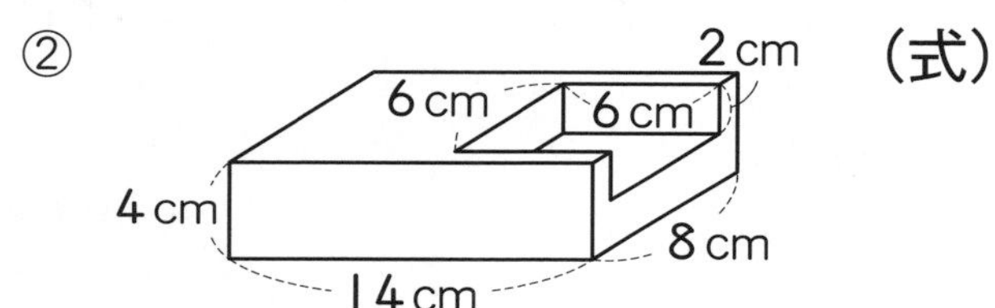

（式）

答え ＿＿＿＿ cm^3

③

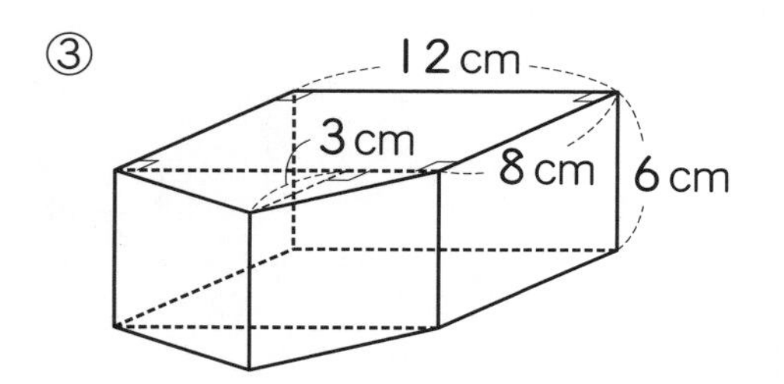

（式）

答え ＿＿＿＿ cm^3

④

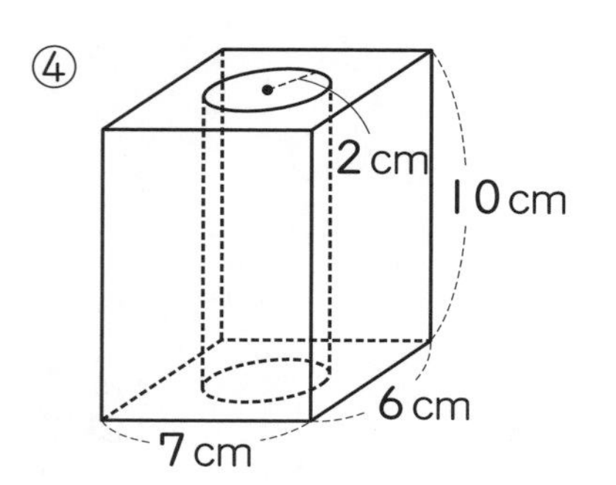

（式）

答え ＿＿＿＿ cm^3

勉強した日　　月　　日

68 角柱と円柱の体積 いろいろな立体の体積

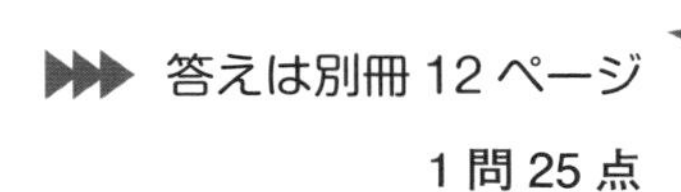
答えは別冊 12 ページ

1 問 25 点

次の立体の体積を求めましょう。

①

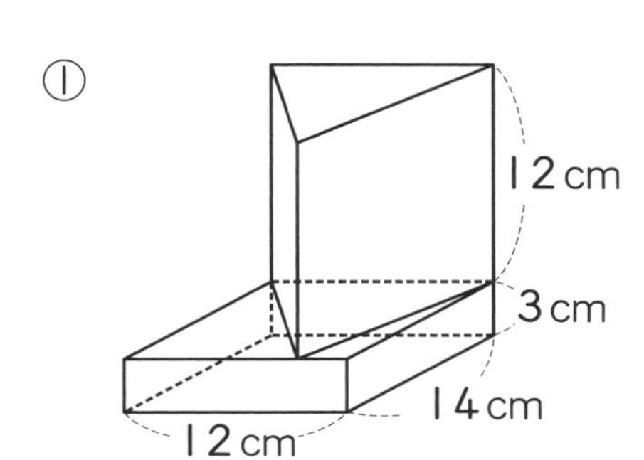

（式）

答え　　cm³

②

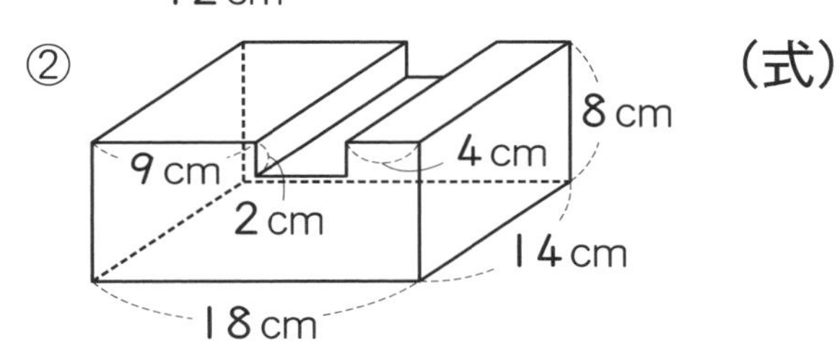

（式）

答え　　cm³

③

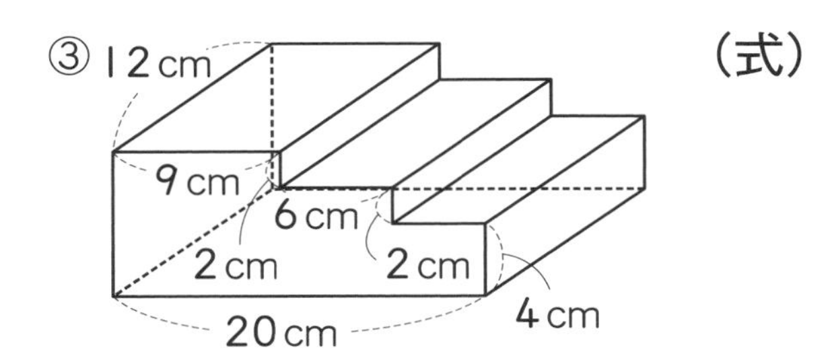

（式）

答え　　cm³

④

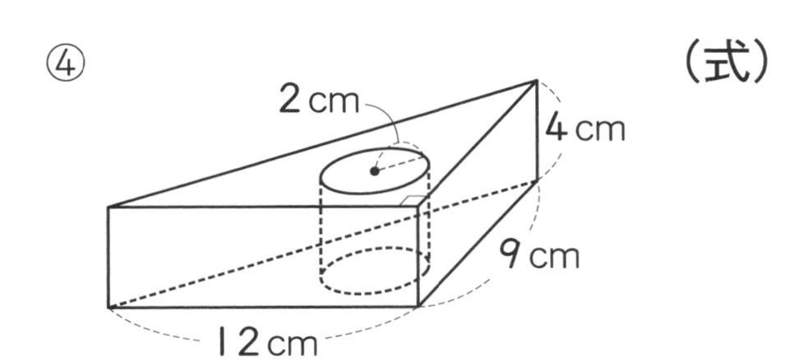

（式）

答え　　cm³

およその面積と体積
およその面積

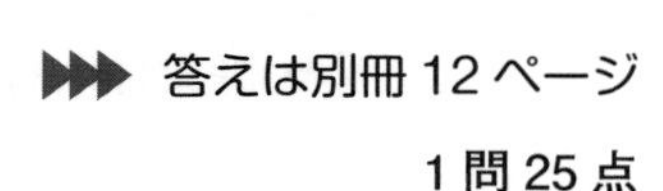

答えは別冊 12 ページ

1 問 25 点

およその面積を求めましょう。

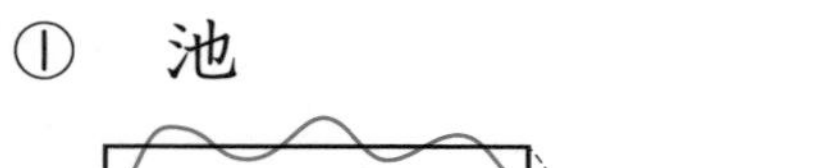

① 池　　　（式）

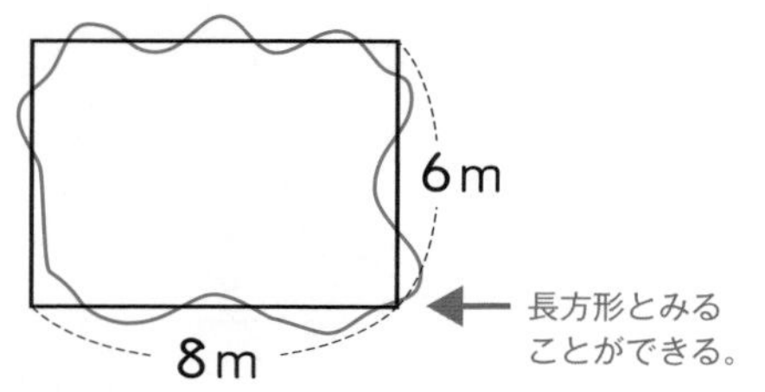

答え　約 ［　　　］ m^2

② 葉　　　（式）

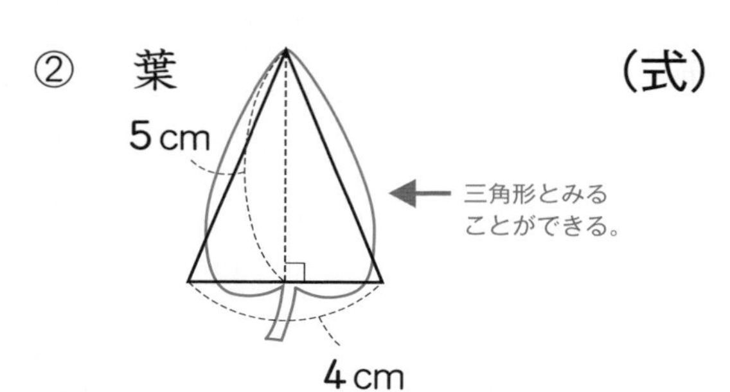

答え　約 ［　　　］ cm^2

③ サッカー場　　　（式）

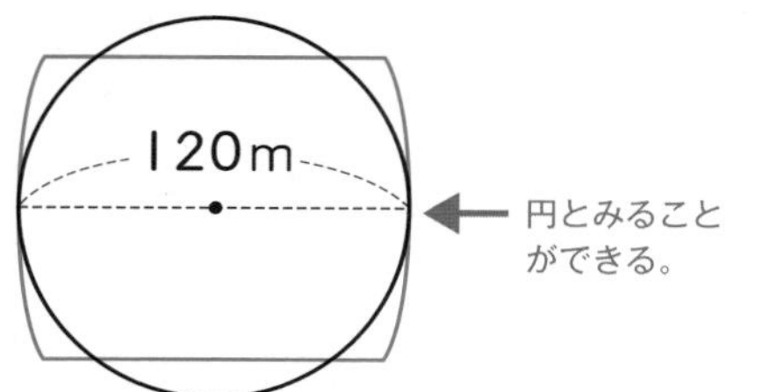

答え　約 ［　　　］ m^2

④ 花だん　　　（式）

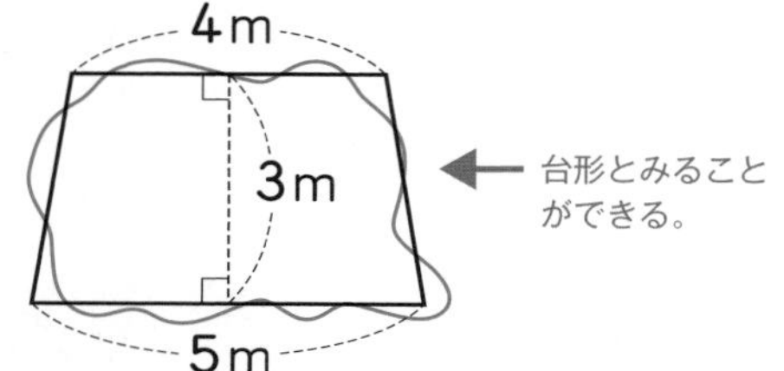

答え　約 ［　　　］ m^2

およその面積と体積

およその面積

▶▶▶ 答えは別冊 12 ページ

1 問 25 点　　　　点

およその面積を求めましょう。

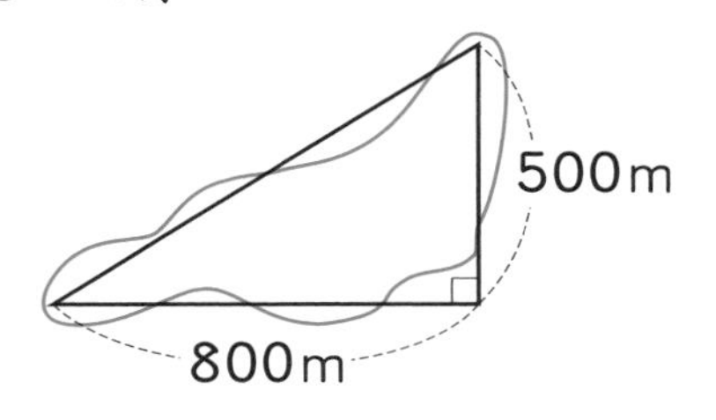

答え　約　　　　m^2

② 足あと

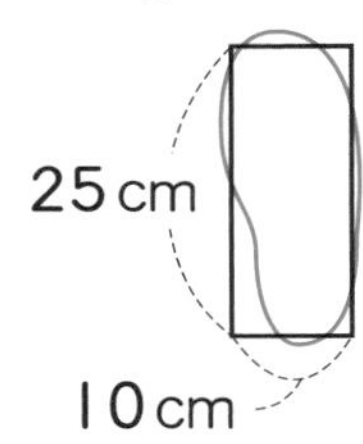

答え　約　　　　cm^2

③ ピザ　　　　（式）

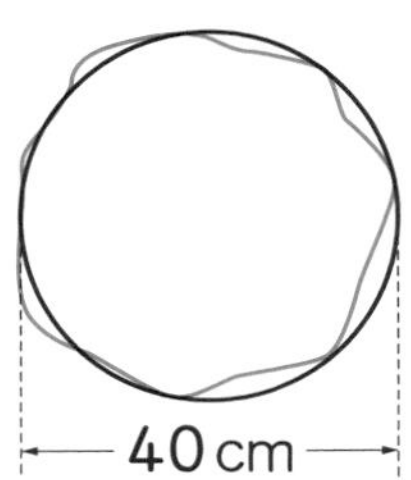

答え　約　　　　cm^2

④ 公園　　　　（式）

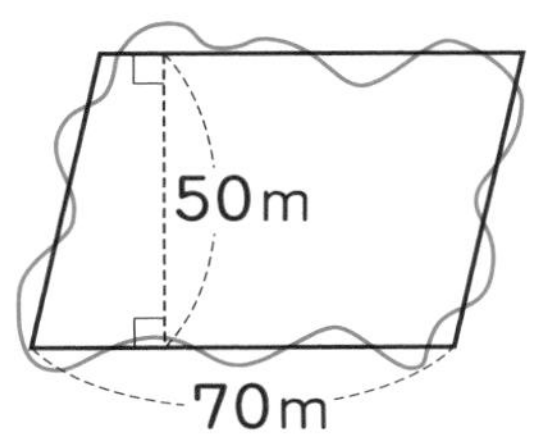

答え　約　　　　m^2

およその面積と体積
およその体積

▶▶▶ 答えは別冊 13 ページ
点数　　点
1 問 50 点

1 右の図のようないれものがあります。このいれものの容積はおよそ何 cm^3 ですか。

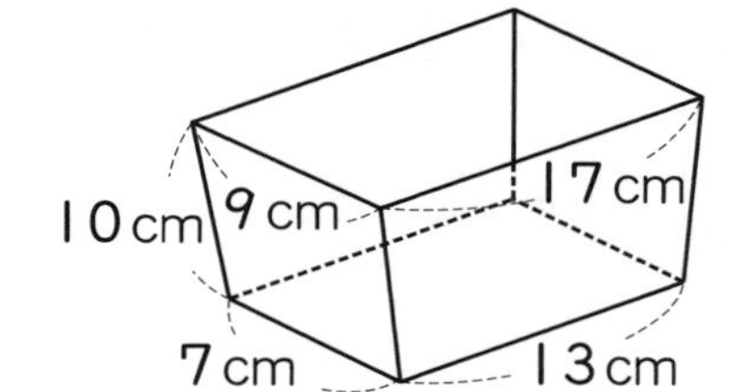

縦（たて）の長さを 17 cm と 13 cm の真ん中で [　　] cm とみます。
← (17+13) ÷2

横の長さを 9 cm と 7 cm の真ん中で [　　] cm とみます。高さを 10 cm とみます。
← (9+7) ÷2
← 直方体とみて計算する。

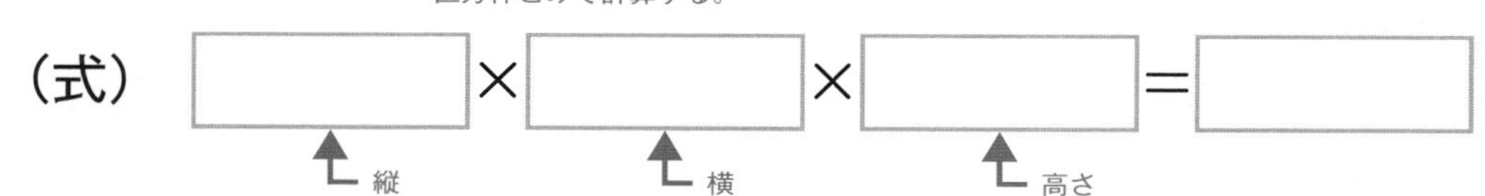
(式) [　　] × [　　] × [　　] = [　　]
← 縦　← 横　← 高さ

答え　約 [　　] cm^3

2 右のような形をしたコップがあります。このコップを円柱とみると，容積はおよそ何 cm^3 ですか。
← 半径×半径×3.14×高さ

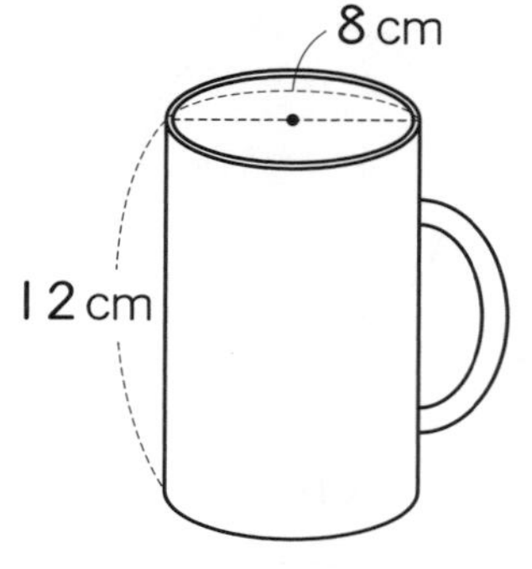

(式) [　] × [　] ×3.14× [　　]
← 半径　← 半径　← 高さ

= [　　]

答え　約 [　　] cm^3

およその面積と体積

およその体積

練習

▶▶▶ 答えは別冊 13 ページ

1 問 25 点　　　　点

およその容積や体積を求めましょう。

① 浴そう　　　　（式）

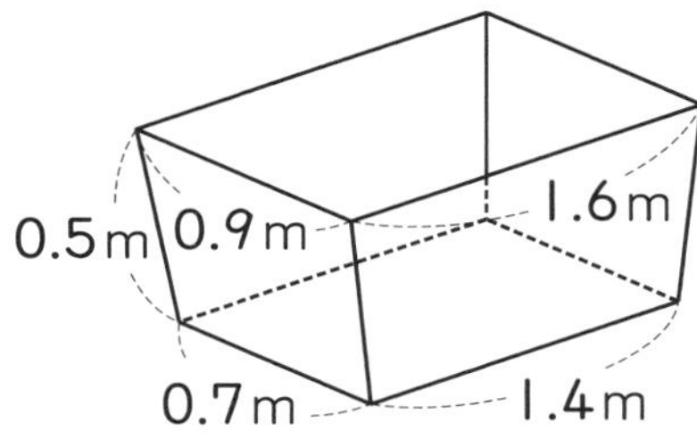

答え　約 ＿＿＿＿ m^3

② ロールケーキ　　　　（式）

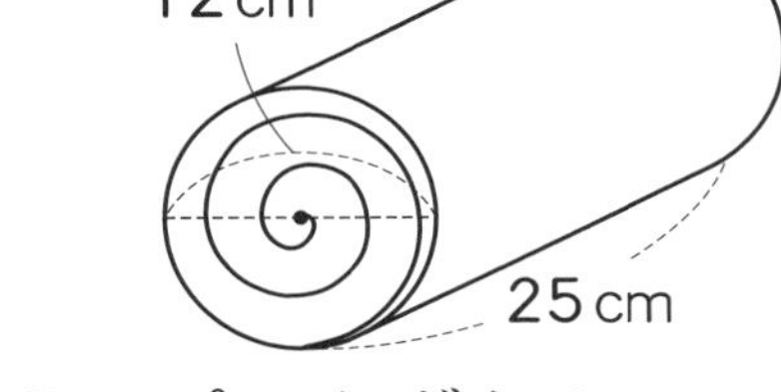

答え　約 ＿＿＿＿ cm^3

③ ペットボトル　　　　（式）

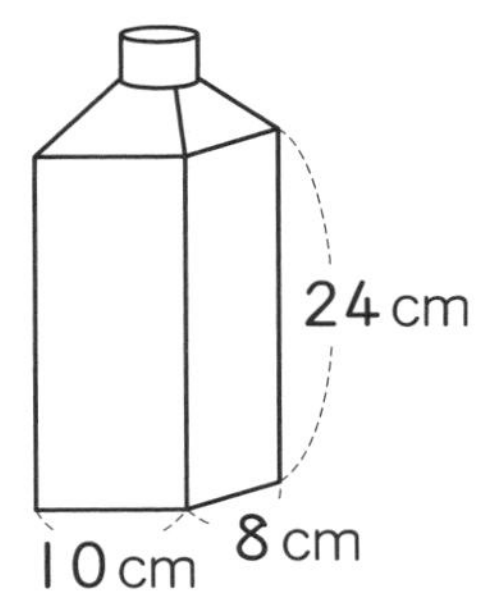

答え　約 ＿＿＿＿ cm^3

④ 池（深さは 1.2 m）　　　　（式）

12 m

8 m

15 m

答え　約 ＿＿＿＿ m^3

資料の調べ方
代表値

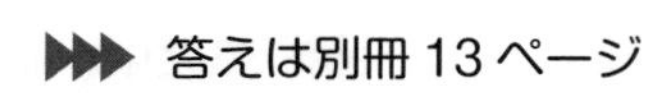
▶▶▶ 答えは別冊13ページ

①：40点　②・③：1問30点

点

下の表は，6年1組の男子15人の握力の記録を表したものです。

6年1組の男子15人の握力の記録(kg)

21	23	32	20	22	27	28	22
18	33	20	32	17	22	29	

① 平均値を求めましょう。

（資料の値の合計）÷人数

（式）

答え □ kg

② 中央値を求めましょう。

資料の値を大きさの順に並べたときの中央の値

□ kg

③ 最頻値を求めましょう。

資料の値の中で，もっとも多く出てくる値

□ kg

資料の調べ方
代表値

▶▶▶ 答えは別冊 13 ページ

①：40 点　②・③：1 問 30 点

点数　点

下の表は，6 年 2 組の女子 16 人の通学時間を表したものです。

6 年 2 組の女子 16 人の通学時間(分)

11	8	15	11	12	19	16	21
15	21	17	22	25	11	6	18

① 平均値（へいきんち）を求めましょう。

（式）

答え　　　分

② 中央値（ちゅうおうち）を求めましょう。

　　　分

③ 最頻値（さいひんち）を求めましょう。

　　　分

資料の調べ方

ドットプロットと代表値

▶▶▶ 答えは別冊 13 ページ

①：40 点　②・③：1 問 30 点

下の表は，6 年 1 組の漢字テスト（50 点満点）の結果をまとめたものです。

6 年 1 組の漢字テスト（点）

41	33	36	40	32	37	48	32	29	34
38	43	40	32	26	41	30	46	44	31
37	26	50	41	50	29	41	37	35	45

① 漢字テストの結果をドットプロットに表しましょう。

めもりの上に●をかく

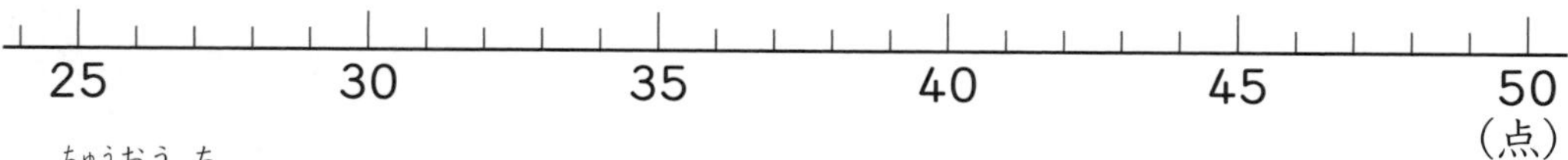

② 中央値（ちゅうおうち）を求めましょう。

点

③ 最頻値（さいひんち）を求めましょう。

点

資料の調べ方

ドットプロットと代表値

▶▶▶ 答えは別冊 13 ページ

①：40 点　②・③：1 問 30 点

点数　　点

下の表は，6 年 2 組の 25 人の体重を表したものです。

6 年 2 組の 25 人の体重(kg)

38	42	51	44	29	39	42	48	53	45
31	39	44	46	38	41	36	38	43	54
51	38	40	42	34					

① 25 人の体重をドットプロットに表しましょう。

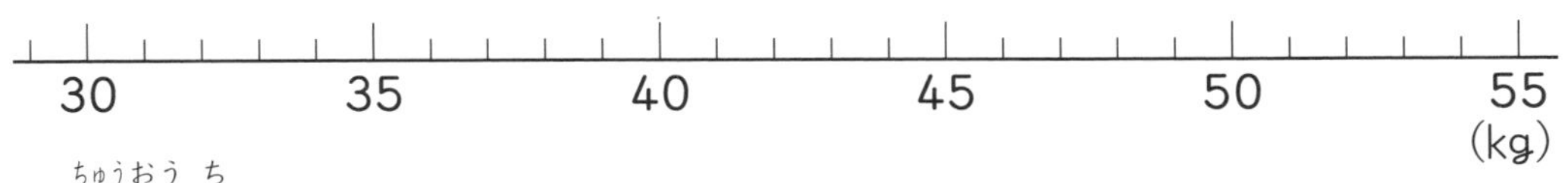

② 中央値(ちゅうおうち)を求めましょう。

kg

③ 最頻値(さいひんち)を求めましょう。

kg

▶▶▶ 答えは別冊 13 ページ

各 10 点　　点

次の資料を下の度数分布表にまとめましょう。

1 組の男子の体重(kg)

①	36	⑨	52
②	40	⑩	38
③	35	⑪	37
④	38	⑫	36
⑤	45	⑬	35
⑥	32	⑭	33
⑦	42	⑮	46
⑧	31	⑯	32

2 組の男子の体重(kg)

①	39	⑨	41
②	41	⑩	32
③	30	⑪	36
④	38	⑫	37
⑤	45	⑬	44
⑥	51	⑭	38
⑦	39	⑮	34
⑧	31		

正の字などを使って，階級に入る人数を調べる。

1 組の男子の体重(kg)

体重(kg)	人数(人)
以上 未満 30 ～ 35	
35 ～ 40	
40 ～ 45	
45 ～ 50	
50 ～ 55	
合計	16

2 組の男子の体重(kg)

体重(kg)	人数(人)
以上 未満 30 ～ 35	
35 ～ 40	
40 ～ 45	
45 ～ 50	
50 ～ 55	
合計	15

78 資料の調べ方
度数分布表①

練習

答えは別冊 13 ページ

点数　　点

各 10 点

次の資料を下の度数分布表にまとめましょう。

A(エー)の箱のみかんの重さ(g)

①	86	⑩	100
②	93	⑪	101
③	102	⑫	84
④	94	⑬	105
⑤	96	⑭	109
⑥	95	⑮	98
⑦	103	⑯	97
⑧	89	⑰	103
⑨	94		

B(ビー)の箱のみかんの重さ(g)

①	103	⑩	105
②	105	⑪	87
③	98	⑫	93
④	96	⑬	95
⑤	86	⑭	100
⑥	84	⑮	102
⑦	97	⑯	96
⑧	94	⑰	107
⑨	104	⑱	85

Aの箱のみかんの重さ(g)

重さ(g)	個数(個)
以上 80 ～ 85 未満	1
85 ～ 90	
90 ～ 95	
95 ～ 100	
100 ～ 105	
105 ～ 110	
合計	17

Bの箱のみかんの重さ(g)

重さ(g)	個数(個)
以上 80 ～ 85 未満	1
85 ～ 90	
90 ～ 95	
95 ～ 100	
100 ～ 105	
105 ～ 110	
合計	18

資料の調べ方

度数分布表②

答えは別冊 13 ページ

①・②：1 問 30 点　③：40 点

下の度数分布表を見て答えましょう。

1 組の男子の体重(kg)

体重(kg)	人数(人)
以上　未満 30 ～ 35	4
35 ～ 40	7
40 ～ 45	2
45 ～ 50	2
50 ～ 55	1
合計	16

2 組の男子の体重(kg)

体重(kg)	人数(人)
以上　未満 30 ～ 35	4
35 ～ 40	6
40 ～ 45	3
45 ～ 50	1
50 ～ 55	1
合計	15

① 1 組の男子で，体重が 45 kg 以上の人は何人ですか。

45 kg 以上 50 kg 未満と 50 kg 以上 55 kg 未満の人数の合計。

［　　］人

② 2 組の男子で，35 kg 以上 40 kg 未満の人は 2 組の男子の何%ですか。

階級の度数を合計でわる。

［　　］%

③ 1 組の男子で体重が重い方から数えて 4 番目の人は，どの階級に入りますか。

45～55 の階級に入るのは
1＋2＝3（人）
40～55 の階級に入るのは
1＋2＋2＝5（人）

［　　］kg 以上［　　］kg 未満

資料の調べ方
度数分布表②

▶▶▶ 答えは別冊 14 ページ

点数　　点

①・②：1 問 30 点　③：40 点

下の度数分布表を見て答えましょう。

A（エー）の箱のみかんの重さ(g)

重さ(g)	個数(個)
以上 80 ～ 未満 85	1
85 ～ 90	2
90 ～ 95	3
95 ～ 100	4
100 ～ 105	5
105 ～ 110	2
合計	17

B（ビー）の箱のみかんの重さ(g)

重さ(g)	個数(個)
以上 80 ～ 未満 85	1
85 ～ 90	3
90 ～ 95	2
95 ～ 100	5
100 ～ 105	4
105 ～ 110	3
合計	18

①A の箱で，100 g 以上のみかんは何個ですか。

[　　] 個

②B の箱で，95 g 以上 105 g 未満のみかんは，B の箱のみかん全体の何%ですか。

[　　] %

③B の箱で，重い方から数えて 7 番目のみかんは，どの階級に入りますか。

[　　] g 以上 [　　] g 未満

勉強した日　　月　　日

81 資料の調べ方 ヒストグラム①

理解

▶▶▶ 答えは別冊 14 ページ

1 問 50 点

点数　　点

下の度数分布表をヒストグラムに表しましょう。

1 組の男子の体重(kg)

体重(kg)	人数(人)
以上 未満 30 ～ 35	4
35 ～ 40	7
40 ～ 45	2
45 ～ 50	2
50 ～ 55	1
合計	16

2 組の男子の体重(kg)

体重(kg)	人数(人)
以上 未満 30 ～ 35	4
35 ～ 40	6
40 ～ 45	3
45 ～ 50	1
50 ～ 55	1
合計	15

(人)　1 組の男子の体重

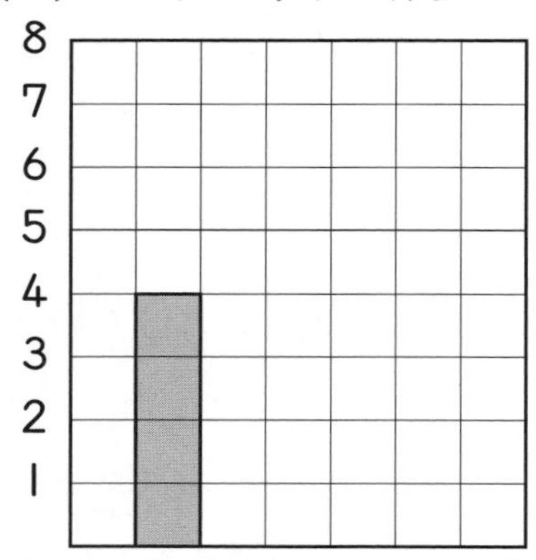

30 kg 以上 35 kg 未満の階級は 4 人だから，人数が 4 のめもりまでの長方形をかく。

(人)　2 組の男子の体重

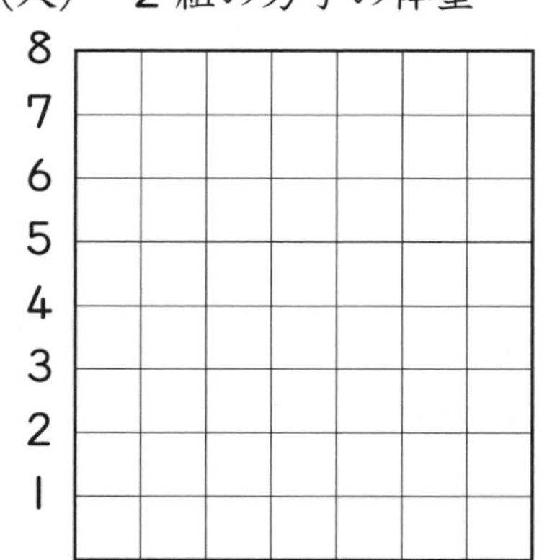

答えは別冊 14 ページ

1 問 50 点

下の度数分布表をヒストグラムに表しましょう。

A(エー)の箱のみかんの重さ(g)

重さ(g)	個数(個)
80以上 ～ 85未満	1
85 ～ 90	2
90 ～ 95	3
95 ～ 100	4
100 ～ 105	5
105 ～ 110	2
合計	17

B(ビー)の箱のみかんの重さ(g)

重さ(g)	個数(個)
80以上 ～ 85未満	1
85 ～ 90	3
90 ～ 95	2
95 ～ 100	5
100 ～ 105	4
105 ～ 110	3
合計	18

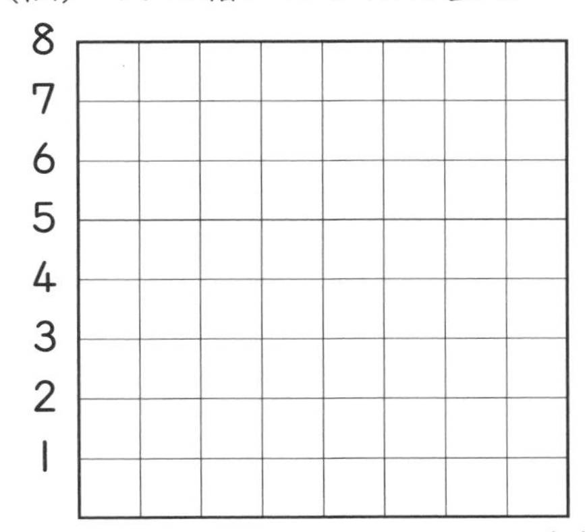

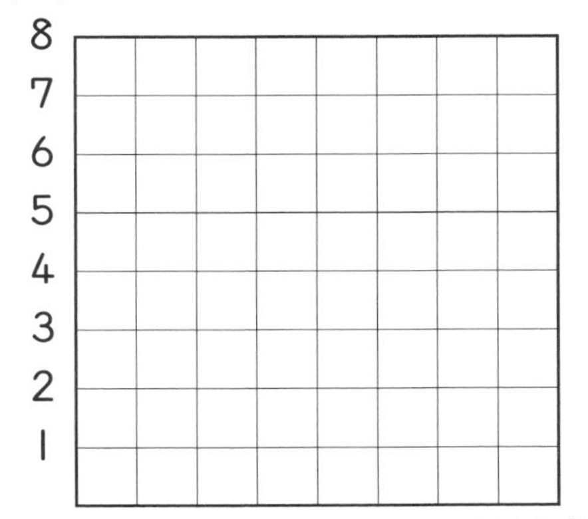

資料の調べ方
ヒストグラム②

▶▶▶ 答えは別冊 14 ページ

①・②：1 問 30 点　③：40 点

下の図は，6 年 1 組の 50 m 走の記録をヒストグラムに表したものです。

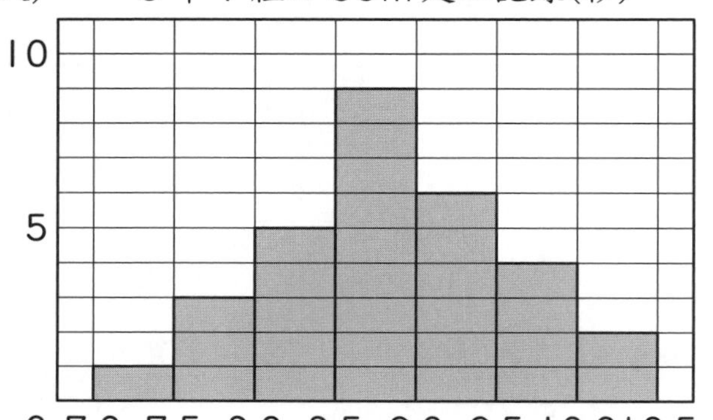

① 階級の幅（はば）を求めましょう。

［　　　］秒

② いちばん度数が多いのはどの階級ですか。

［　　　］秒以上［　　　］秒未満

③ 8.5 秒未満の人数の割合（わりあい）は，全体の何%ですか。

↑ 8.5 秒未満の人数÷全体の人数

(式)［　　　］÷［　　　］=［　　　］

↑ 8.5 秒未満の人数　↑ 全体の人数

答え［　　　］%

資料の調べ方
ヒストグラム②

答えは別冊 14 ページ

①・②：1 問 30 点　③：40 点

点

下の図は，6 年 2 組の睡眠（すいみん）時間をヒストグラムに表したものです。

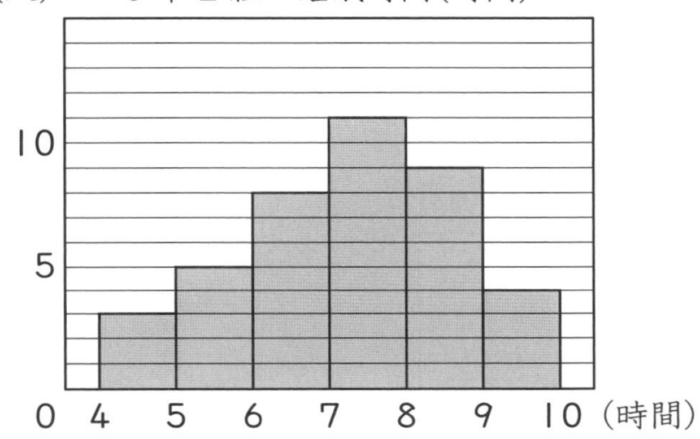

①階級の幅（はば）を求めましょう。

時間

②いちばん度数が少ないのはどの階級ですか。

時間以上　　時間未満

③5 時間以上 8 時間未満の人数の割合（わりあい）は，全体の何％ですか。
（式）

答え　　％

資料の調べ方
ヒストグラム③

▶▶▶ 答えは別冊 14 ページ

①・②：1 問 30 点　③：40 点

下の図は，ある小学校の 6 年生の男子と女子の身長をヒストグラムに表したものです。

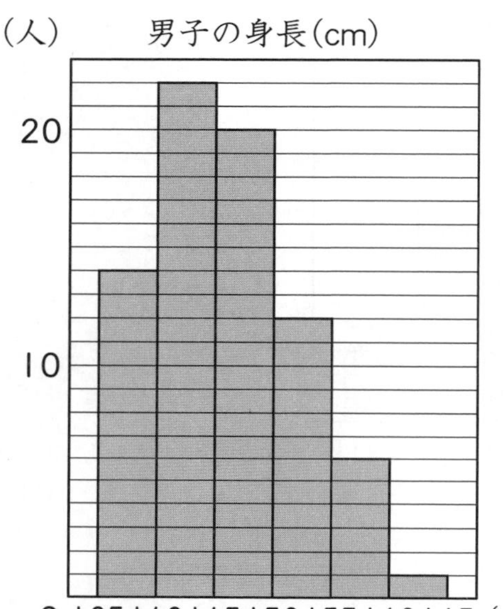

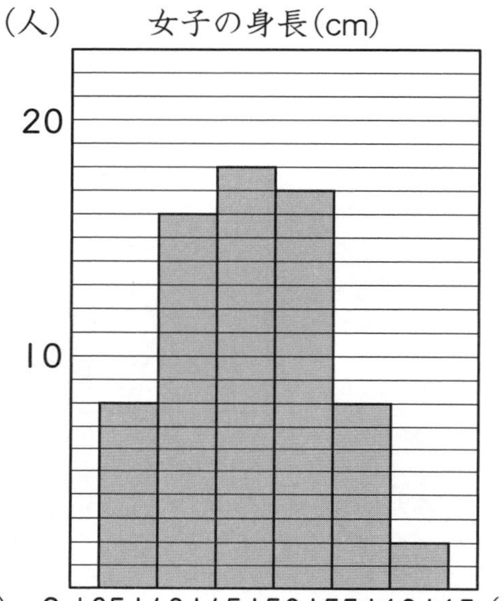

① 男子で，いちばん度数が多いのはどの階級ですか。

□ cm 以上 □ cm 未満

② 女子で，135 cm 以上 145 cm 未満の人は何人いますか。

□ 人

③ 155 cm 以上の人が多いのはどちらですか。

□

86 資料の調べ方 ヒストグラム③

答えは別冊 14 ページ

①・②：1 問 30 点　③：40 点

点数　点

下の図は，A（エー）県とB（ビー）県の 15 才以上 65 才未満の年れい別の人口をヒストグラムに表したものです。

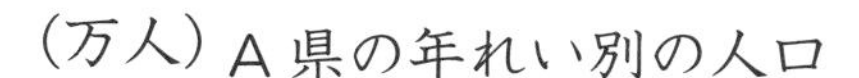

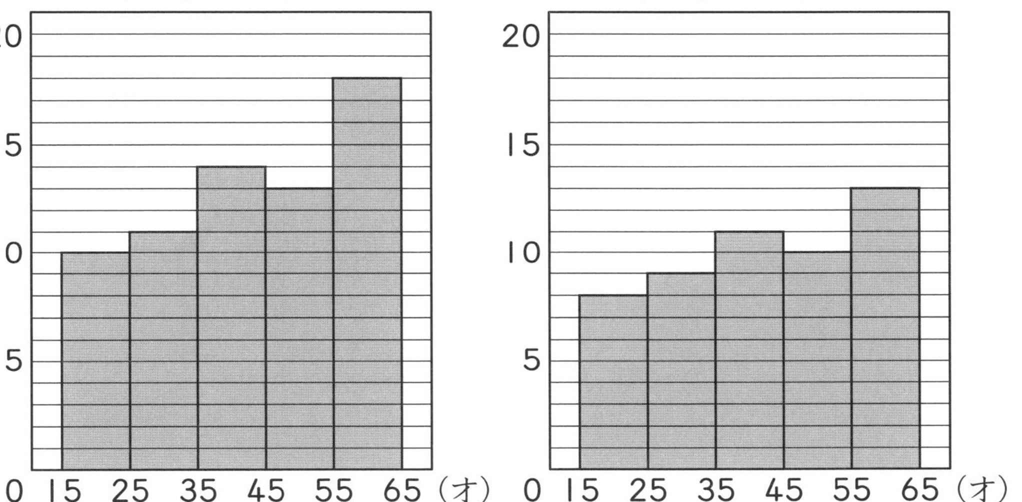

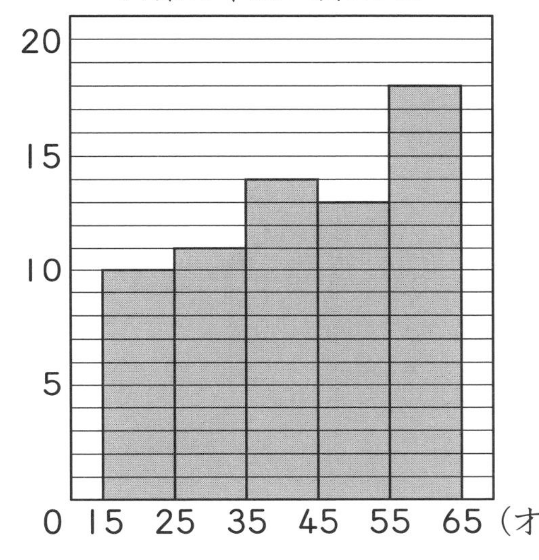

①A 県で，いちばん度数が多いのはどの階級ですか。

□才以上□才未満

②B 県で，15 才以上 35 才未満の人は何万人いますか。

□万人

③35 才以上 65 才未満の人が多いのはどちらの県ですか。

□県

資料の調べ方のまとめ

はんいさがし

▶▶▶答えは別冊15ページ

下のグラフは，6年1組の算数テストの得点と人数です。
あゆみさんの班(はん)の6人は，みんなちがうはんいに入っています。
だれも入っていないはんいは，あ～きのどれでしょう。

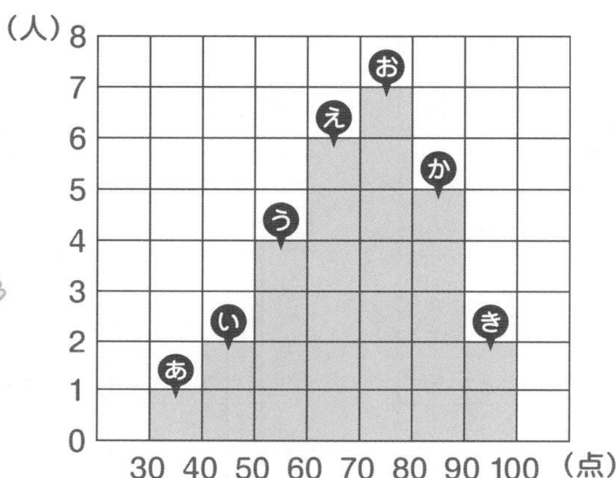

あゆみ ▶ いちばん人数が多いはんい

得点の低い方から8番目の人が入っているはんい ◀ けんた

るみ ▶ 40点の人が入っているはんい

人数が2人のはんい ◀ かずや

まい ▶ 得点の高い方から7番目の人が入っているはんい

いちばん人数が少ないはんい ◀ だいち

だれも入っていない
はんいは

勉強した日　月　日

88 並べ方と組み合わせ方
並べ方

理解

▶▶▶ 答えは別冊 15 ページ

1 ：1 問 25 点　2 ：50 点

点数　　点

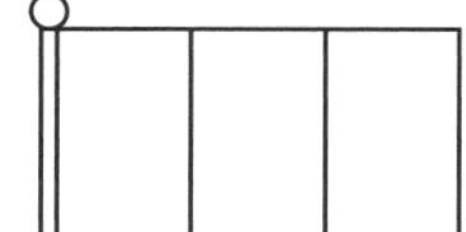

1 右のような旗に，赤，黄，緑の 3 色全部を使って色をぬります。

① 赤を「あ」，黄を「き」，緑を「み」と表して色のぬり方を調べます。□にあてはまるひらがなを書きましょう。

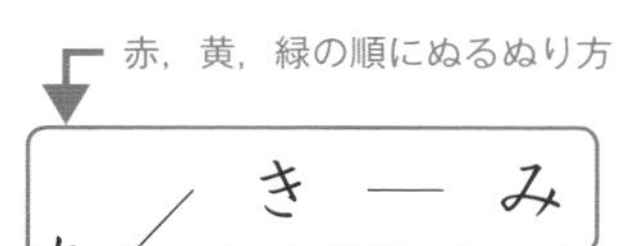

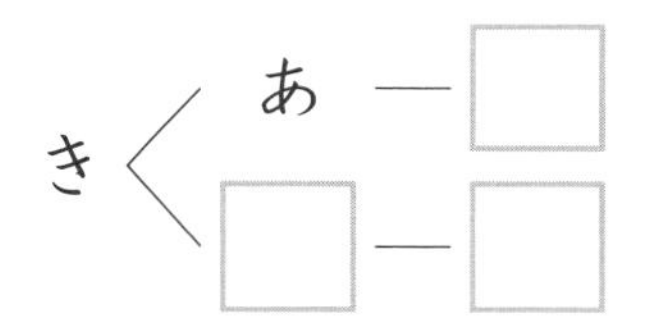

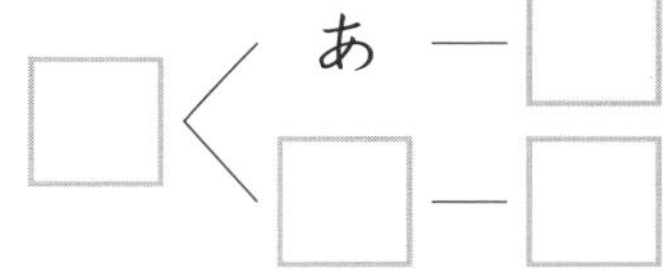

② 色のぬり方は全部で何通りありますか。

上の図を見て答える。

□通り

2 1，2，3，4 の 4 個の数字から 2 個使って，2 けたの数をつくります。全部で何通りできますか。下の図を完成させて求めましょう。

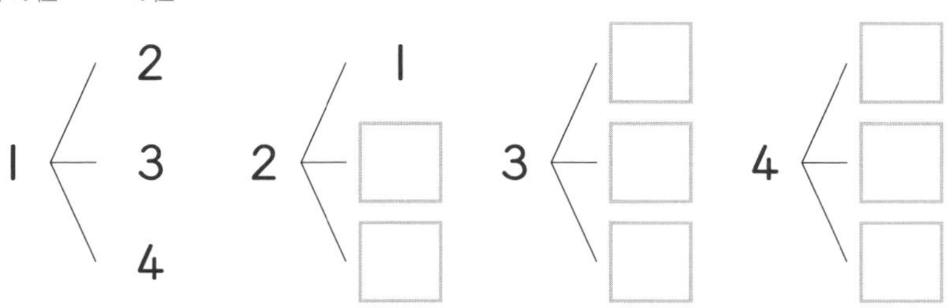

□通り

勉強した日　　月　　日

89 並べ方と組み合わせ方
並べ方

練習

▶▶▶ 答えは別冊 15 ページ

1：40 点　2：1 問 30 点

点数　　点

1 A(エー)，B(ビー)，C(シー)，D(ディー)の 4 人でリレーを走ります。走る順番の決め方は全部で何通りありますか。

　　通り

2 [6]，[7]，[8]，[9] の 4 枚(まい)のカードがあります。

① このカードの中から 3 枚を使って 3 けたの整数をつくります。全部で何通りできますか。

　　通り

② このカードの中から 2 枚を使って 2 けたの整数をつくります。全部で何通りできますか。

　　通り

勉強した日　月　日

並べ方と組み合わせ方
組み合わせ方

▶▶▶ 答えは別冊 15 ページ

1：1問30点　2：40点

点数　　点

1 りんご，オレンジ，バナナ，ぶどうの4種類のジュースの中から2種類を選びます。

① りんごを「り」，オレンジを「オ」，バナナを「バ」，ぶどうを「ぶ」と表して，選び方を調べます。表を完成させましょう。

＼	り	オ	バ	ぶ
り	＼	○		
オ		＼		
バ			＼	
ぶ				＼

りんご―オレンジとオレンジ―りんごは同じ組み合わせ方だから，ここには○をかかない。

② ジュースの選び方は全部で何通りありますか。

□通り

2 A，B，C，D，E（エー，ビー，シー，ディー，イー）の5人で，うでずもうをします。どの人とも1回ずつうでずもうをするとき，組み合わせは全部で何通りありますか。右の表を使って考えましょう。

＼	A	B	C	D	E
A	＼	○			
B		＼			
C			＼		
D				＼	
E					＼

□通り

並べ方と組み合わせ方
組み合わせ方

▶▶▶ 答えは別冊 16 ページ

1 問 25 点

点

1 赤，青，黄，緑の 4 種類の色紙の中から 2 種類を選びます。選び方は全部で何通りありますか。

通り

2 1 円玉，5 円玉，10 円玉，50 円玉が 1 枚(まい)ずつあります。この中から 2 枚を選びます。

① できる金額を全部書きましょう。

② できる金額は全部で何通りありますか。

通り

3 A(エー)，B(ビー)，C(シー)，D(ディー)，E(イー)の 5 チームで，野球の試合をします。どのチームとも 1 回ずつ試合をするとき，全部で何試合になりますか。

試合

勉強した日  月 日

並べ方と組み合わせ方
いろいろな場合の数

答えは別冊 16 ページ

点

1 問 50 点

大きいさいころと小さいさいころの 2 つを同時に投げます。

① 目の出方は全部で何通りありますか。
下の図を完成させて求めましょう。

大きいさいころ　小さいさいころ

1 — 1, 2, 3, 4, 5, 6
2 — 1, 2, □, □, □, □
3 — □, □, □, □, □, □
4 — □, □, □, □, □, □
5 — □, □, □, □, □, □
6 — □, □, □, □, □, □

□ 通り

② 10 円玉，50 円玉，100 円玉が 1 枚ずつあります。これを同時に投げるとき，表と裏（うら）の出方は全部で何通りありますか。表をㇰお，裏をㇰうとして，下の図を完成させて求めましょう。

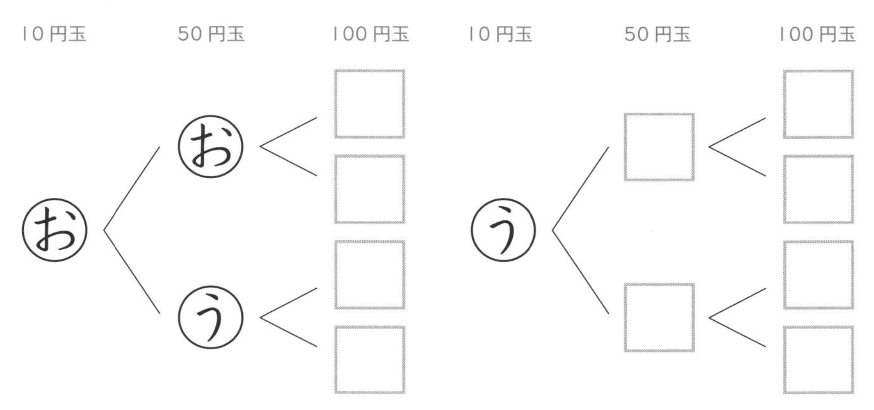

□ 通り

並べ方と組み合わせ方
いろいろな場合の数

▶▶▶ 答えは別冊 16 ページ
1 問 20 点

1 大きいさいころと小さいさいころの 2 つを同時に投げます。

① 目の出方は全部で何通りありますか。

通り

② 出た目の和が 8 になる場合は何通りありますか。

通り

③ 出た目のうち，大きい方の数から小さい方の数をひいた答えが 2 になる場合は何通りありますか。

通り

2 10 円玉，50 円玉，100 円玉が 1 枚(まい)ずつあります。これを同時に投げます。

① 表と裏(うら)の出方は全部で何通りありますか。

通り

② 2 枚が表になる場合は何通りありますか。

通り

小学算数 数・量・図形問題の正しい解き方ドリル　6年・別冊

答えとおうちのかた手引き

1　線対称と点対称　線対称な図形の性質

▶▶▶ 本冊 4 ページ

①J　②IH　③G　④GF

覚えよう　線対称

ポイント

線対称な図形で，対称の軸で折ったときに重なる点，辺，角をそれぞれ，対応する点，対応する辺，対応する角といいます。
対応する 2 つの点を結ぶ直線は，対称の軸と垂直に交わります。また，この交わる点から，対応する点までの長さは等しくなっています。

2　線対称と点対称　線対称な図形の性質

▶▶▶ 本冊 5 ページ

①H　②G　③BC　④GF
⑤I　⑥EK

3　線対称と点対称　線対称な図形のかき方

▶▶▶ 本冊 6 ページ

①
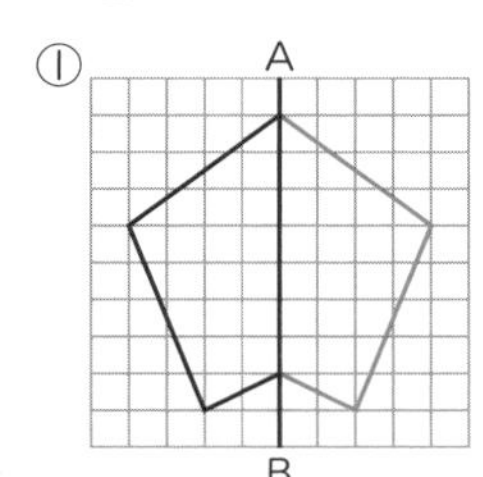

②
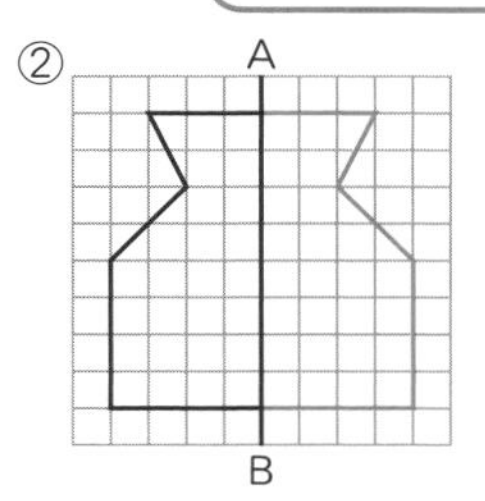

③
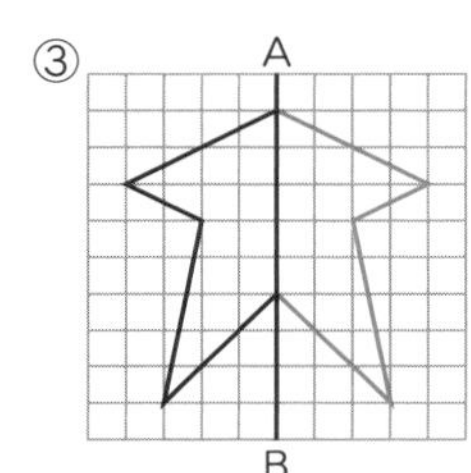

④
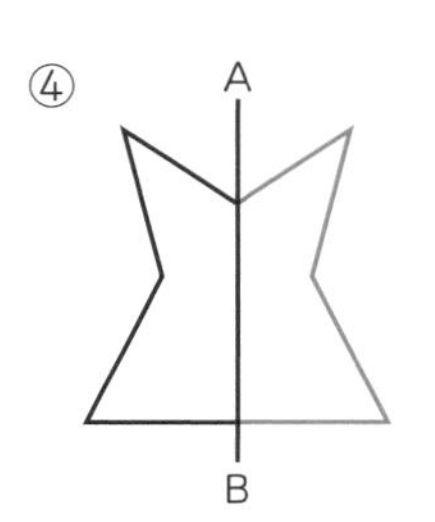

ポイント

対応する 2 つの点を結ぶ直線が，対称の軸と垂直に交わり，この交わる点から，対応する点までの長さは等しくなっていることを使って，対応する点をとります。

④
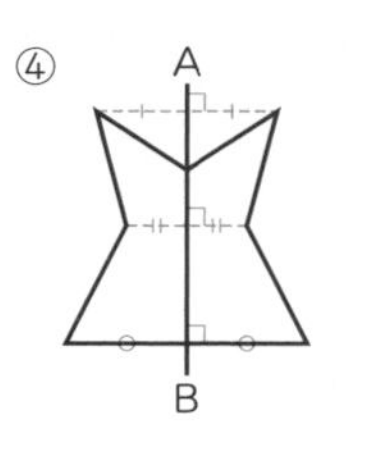

4　線対称と点対称　線対称な図形のかき方

▶▶▶ 本冊 7 ページ

①
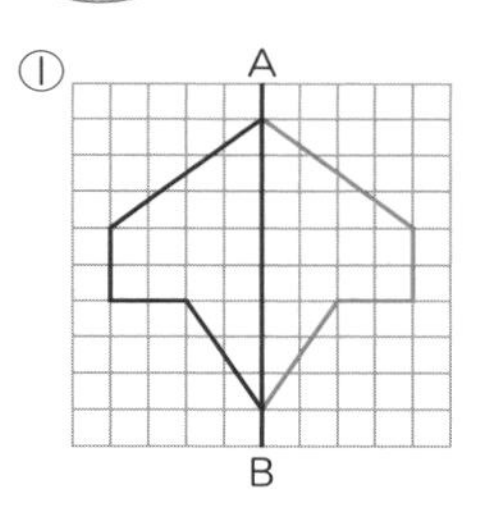

②
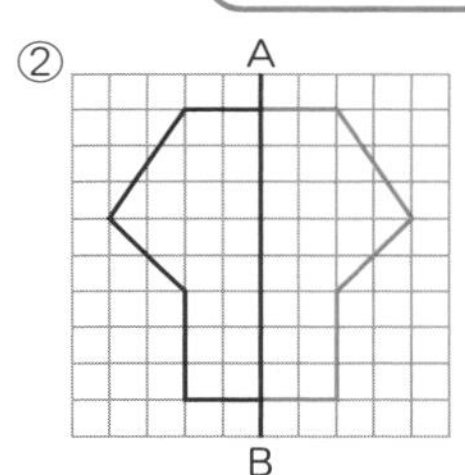

③
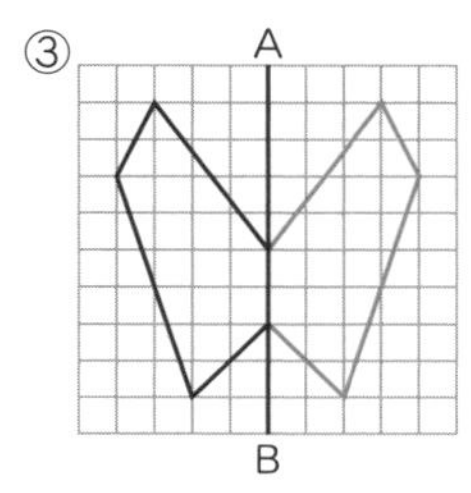

④
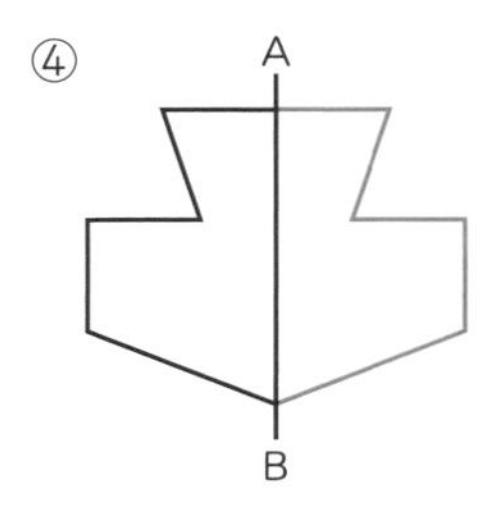

5　線対称と点対称　点対称な図形の性質

▶▶▶ 本冊 8 ページ

①E　②GH　③F　④GO

覚えよう　点対称

ポイント

点対称な図形で，対称の中心のまわりに 180°回転させたときに重なる点，辺，角をそれぞれ，対応する点，対応する辺，対応する角といいます。対応する２つの点を結ぶ直線は，対称の中心を通ります。また，対称の中心から，対応する点までの長さは等しくなっています。

線対称と点対称

6 点対称な図形の性質

練習

▶▶▶本冊９ページ

①F（エフ）　②D（ディー）　③HI（エイチアイ）　④JA（ジェイエー）

⑤E（イー）　⑥CO（シーオー）

線対称と点対称

7 点対称な図形のかき方

▶▶▶本冊10ページ

①

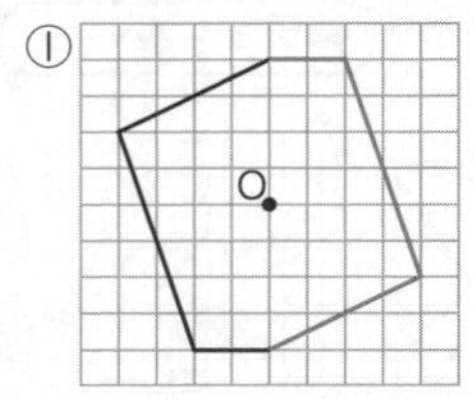

②

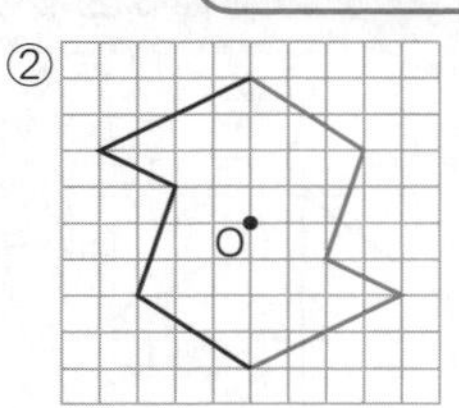

③

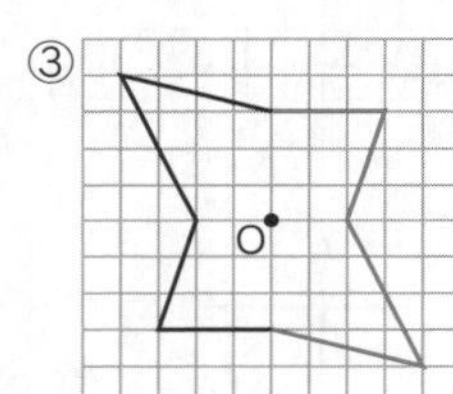

④

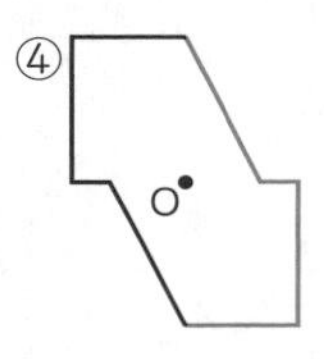

ポイント

対応する２つの点を結ぶ直線が，対称（たいしょう）の中心を通り，対称の中心から，対応する点までの長さは等しくなっていることを使って，対応する点をとります。

④

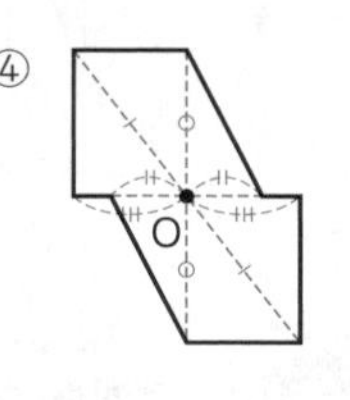

線対称と点対称

8 点対称な図形のかき方

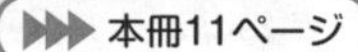

▶▶▶本冊11ページ

①

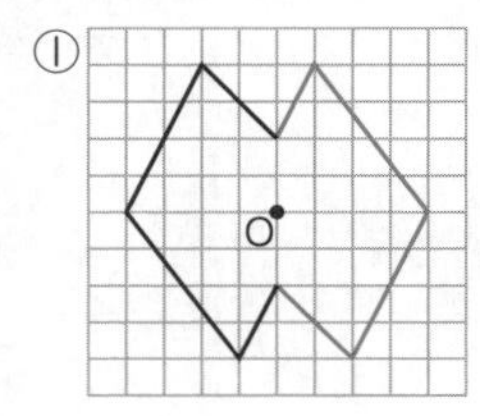

②

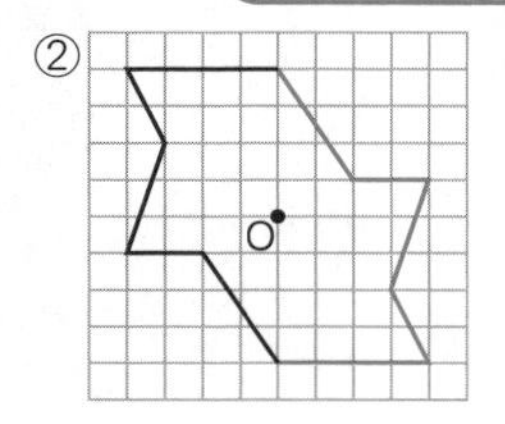

③

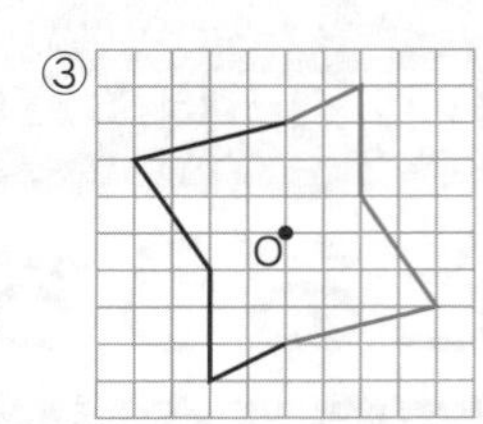

④

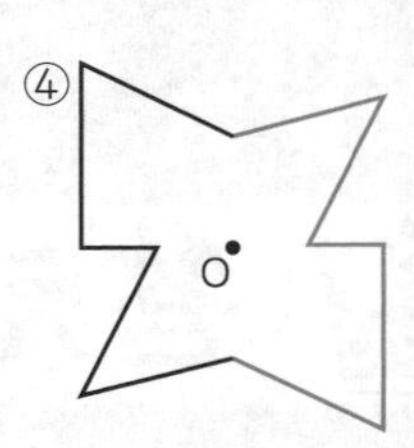

線対称と点対称

9 多角形と対称

▶▶▶本冊12ページ

1 ①イ，ウ，エ　②イ，エ

2 ウ，エ

覚えよう　線

線対称と点対称

10 多角形と対称

▶▶▶本冊13ページ

1 ①㋐　②㋑，㋒

2

	線対称（せんたいしょう）	軸（じく）の数	点対称（てんたいしょう）
例：正三角形	○	3	×
正方形	○	4	○
正五角形	○	5	×
正六角形	○	6	○
正八角形	○	8	○
正十二角形	○	12	○

3 線対称な図形，いくつもある。

ポイント

3円は直径が対称の軸になります。直径は何本でもひけるので，対称の軸は無数にあります。

11 線対称と点対称のまとめ めいろゲーム

本冊14ページ

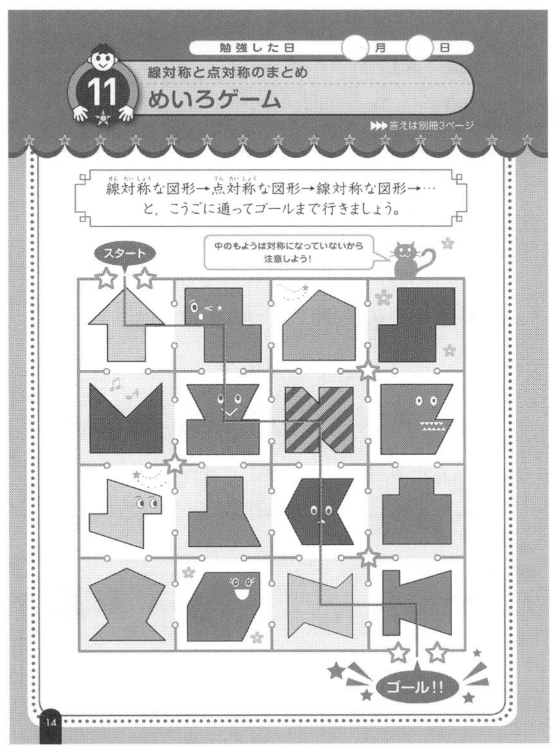

12 文字を使った式 文字を使った式①

本冊15ページ

1 ① x

② 3 個　（式）　80×3＝240　　答え　240

　5 個　（式）　80×5＝400　　答え　400

2 ① x

② （式）　150＋120＝270　　答え　270

ポイント

80×□ などの式の□のかわりに，x や a などの文字を使って表します。ことばの式をつくってから，文字や数をあてはめると，わかりやすくなります。

1② ①の式の x に 3，5 をあてはめて求めます。

13 文字を使った式 文字を使った式①

本冊16ページ

1 ① 6× x

② 7 cm　（式）　6×7＝42　　答え　42

　15 cm　（式）　6×15＝90　　答え　90

2 ① x＋400

② （式）　250＋400＝650　　答え　650

ポイント

1① 長方形の面積＝縦×横

② ①の式の x に 7，15 をあてはめて求めます。

2① 全体の重さ＝みかんの重さ＋かごの重さ

② ①の式の x に 250 をあてはめて求めます。

14 文字を使った式 文字を使った式②

本冊17ページ

① x，y

② 200 円（式）120＋200＝320　　答え　320

　250 円（式）120＋250＝370　　答え　370

　300 円（式）120＋300＝420　　答え　420

③ 300

ポイント

80×□＝○ などの式の□や○のかわりに，x や y の文字を使って表します。ことばの式をつくってから，文字や数をあてはめると，わかりやすくなります。

15 文字を使った式 文字を使った式②

本冊18ページ

① 60× x ＝ y

② 7 本　（式）　60×7＝420　　答え　420

　8 本　（式）　60×8＝480　　答え　480

　9 本　（式）　60×9＝540　　答え　540

③ 9

ポイント

① 値段×本数＝代金　だから，60× x ＝ y

② ①の式の x に 7，8，9 をあてはめて求めます。

比
比

本冊19ページ

①150：180(5：6)　②17：15

③9.8：8.7(98：87)

④$\frac{4}{5}$：$\frac{2}{3}$(6：5)

覚えよう　比

ポイント

2つの数量a（エー），b（ビー）の割合（わりあい）を「：」を使ってa：bと表すことがあります。

比
比

本冊20ページ

①8：5　②60：40(3：2)

③80：70(8：7)　④140：137

⑤0.6：0.5(6：5)

⑥$\frac{5}{6}$：$\frac{7}{8}$(20：21)

18 比
比の値

本冊21ページ

①$\frac{2}{5}$　②$\frac{6}{7}$　③$\frac{2}{3}$　④$\frac{9}{7}$

⑤$\frac{7}{9}$　⑥$\frac{6}{13}$　⑦$\frac{15}{8}$　⑧$\frac{12}{35}$

覚えよう　比の値（あたい）

ポイント

a（エー）：b（ビー）の比の値は，$a \div b$ で求めます。

19 比
比の値

本冊22ページ

①$\frac{8}{15}$　②$\frac{2}{3}$　③$\frac{3}{5}$　④3　⑤$\frac{37}{30}$

⑥$\frac{2}{5}$　⑦$\frac{5}{12}$　⑧$\frac{1}{3}$　⑨$\frac{36}{5}$　⑩$\frac{14}{9}$

20 比
等しい比①

本冊23ページ

①イ，エ　②ア，エ　③ア，ウ

覚えよう　等しい

ポイント

比の値（あたい）が等しいとき，2つの比は等しくなります。比の値を求めて，比の値が等しい比を見つけます。または，a（エー）：b（ビー）のaとbに同じ数をかけたり，aとbを同じ数でわったりしてできた比を見つける方法もあります。

①3：4の比の値は$\frac{3}{4}$，アの4：6の比の値は$\frac{2}{3}$，イの9：12の比の値は$\frac{3}{4}$，ウの4：3の比の値は$\frac{4}{3}$，エの6：8の比の値は$\frac{3}{4}$だから，3：4と等しい比はイとエです。

21 比
等しい比①

本冊24ページ

①ア，エ　②イ，ウ　③イ，ウ　④ア，エ

比
等しい比②

本冊25ページ

①2：3　②4：5　③8：5　④8：9

⑤1：3　⑥7：8

覚えよう　簡単（かんたん）

ポイント

a（エー）：b（ビー）を簡単にするには，aとbを最大公約数でわります。小数や分数の比のときは，整数の比になおしてから考えます。

⑤0.9：2.7＝9：27＝(9÷9)：(27÷9)
　＝1：3

⑥$\frac{3}{4}$：$\frac{6}{7}$＝$\left(\frac{3}{4}\times28\right)$：$\left(\frac{6}{7}\times28\right)$＝21：24
　＝(21÷3)：(24÷3)＝7：8

比
等しい比②

本冊26ページ

①2：9　②7：4　③3：5　④5：3

⑤7：9　⑥1：3　⑦3：11　⑧5：2
⑨15：8　⑩7：9

24 比 等しい比③

理解

▶▶▶本冊27ページ

①40　②24　③8　④7
⑤10　⑥2

覚えよう　等しく

ポイント

a：b（エー：ビー）の，aとbにいくつをかけてできた比か，または，aとbをいくつでわってできた比かを考えます。

25 比 等しい比③

練習

▶▶▶本冊28ページ

①49　②54　③48　④21　⑤4
⑥1　⑦8　⑧3　⑨30　⑩6

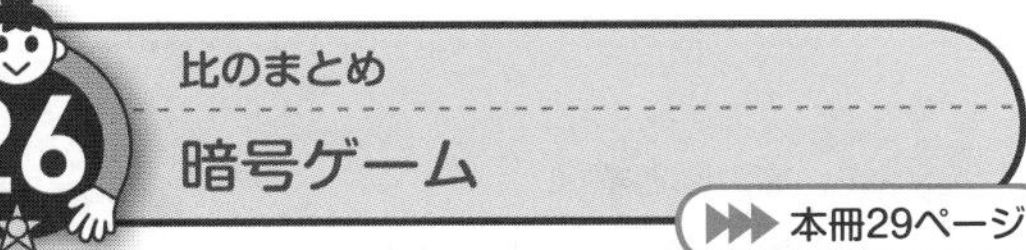

26 比のまとめ 暗号ゲーム

▶▶▶本冊29ページ

勉強した日　月　日

26 比のまとめ
暗号ゲーム

▶▶▶答えは別冊5ページ

等しい比を見つけて，下の文を完成させましょう。

①9：6＝18：12　②6：30＝4：20　③1：2＝4：8
④9：15＝3：5　⑤4：1＝8：2　⑥12：40＝3：10

え	く	う	ど	か
2：7	9：10	3：5	4：8	8：2

う	そ	ん	い	た
18：12	10：6	4：20	3：10	5：9

あしたは ①う ②ん ③ど ④う ⑤か ⑥い です。

29

27 拡大図と縮図 拡大図と縮図

▶▶▶本冊30ページ

拡大図（かくだいず）　㋑，2　縮図（しゅくず）　㋕，$\frac{1}{2}$

覚えよう　拡大図　縮図

ポイント

方眼のマス目の数を数えて，辺の長さの比が等しくなっている三角形を見つけます。

28 拡大図と縮図 拡大図と縮図

▶▶▶本冊31ページ

1 拡大図（かくだいず）　㋔，2　縮図（しゅくず）　㋑，$\frac{1}{3}$

2 拡大図　㋑，2　縮図　㋒，$\frac{1}{2}$

29 拡大図と縮図 拡大図の性質

▶▶▶本冊32ページ

①2　②55　③18

覚えよう　比　角

30 拡大図と縮図 拡大図の性質

▶▶▶本冊33ページ

①EF（イーエフ）　②8　③3　④70　⑤90

ポイント

2倍の拡大図（かくだいず）では，対応する辺の長さは2倍になっています。また，対応する角の大きさは等しくなっています。

31 拡大図と縮図 縮図の性質

▶▶▶本冊34ページ

①$\frac{1}{3}$　②40　③6

覚えよう　比　角

32 拡大図と縮図　縮図の性質

▶▶▶ 本冊35ページ

①EF　②3　③5　④85　⑤100

33 拡大図と縮図　拡大図と縮図のかき方①

▶▶▶ 本冊36ページ

①

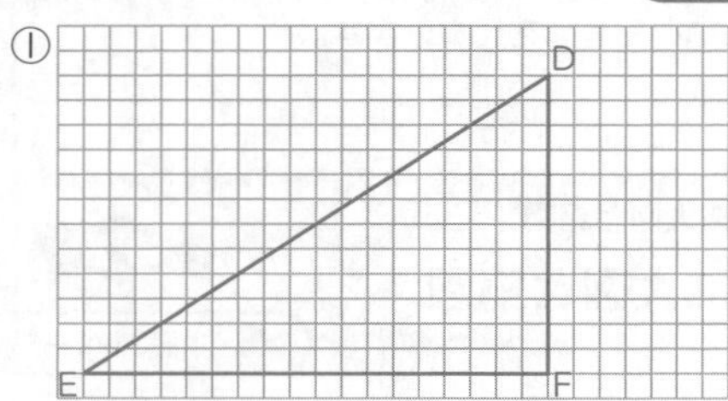

②

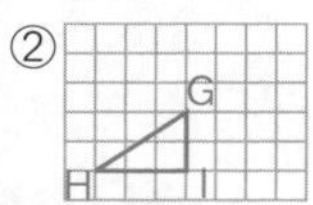

ポイント

① 方眼のマス目の数を数えて，マス目の数が3倍になるように対応する頂点をとります。ななめの辺は，縦も横もマス目の数が3倍になるようにすることに注意しましょう。

34 拡大図と縮図　拡大図と縮図のかき方①

▶▶▶ 本冊37ページ

①

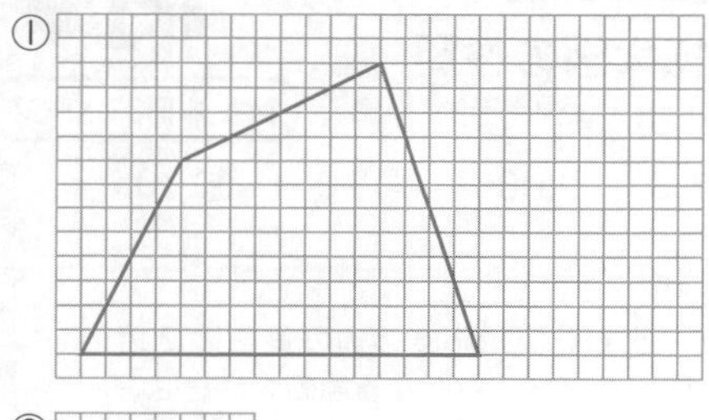

②

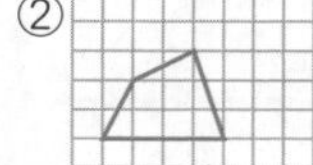

35 拡大図と縮図　拡大図と縮図のかき方②

▶▶▶ 本冊38ページ

①

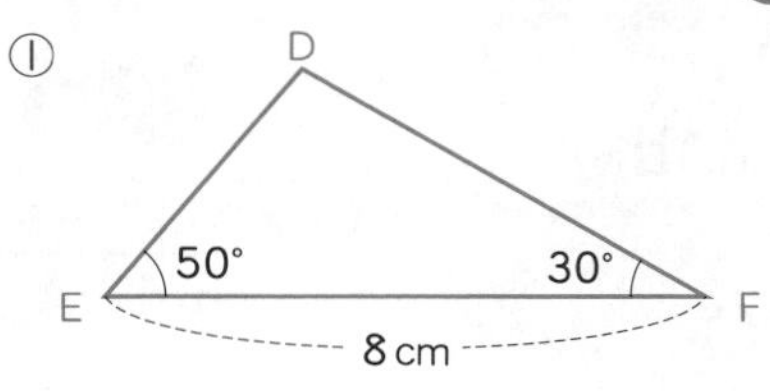

②

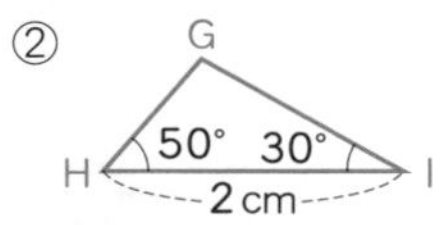

ポイント

2倍の拡大図は，対応する辺の長さを2倍に，対応する角の大きさは等しくなるようにかきます。

$\frac{1}{2}$の縮図は，対応する辺の長さを$\frac{1}{2}$に，対応する角の大きさは等しくなるようにかきます。

①(1)長さが辺BCの2倍(8 cm)の辺EFをかきます。

(2)角Eの大きさが50°になるように，頂点Eを通る直線をかきます。

(3)角Fの大きさが30°になるように，頂点Fを通る直線をかき，(2)でかいた直線と交わる点をDとします。

36 拡大図と縮図　拡大図と縮図のかき方②

▶▶▶ 本冊39ページ

①

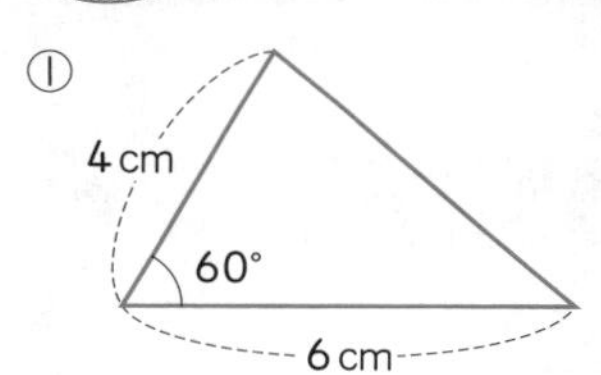

②

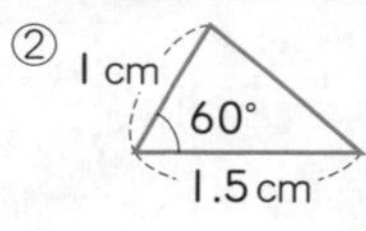

37 拡大図と縮図　拡大図と縮図のかき方③

▶▶▶ 本冊40ページ

1

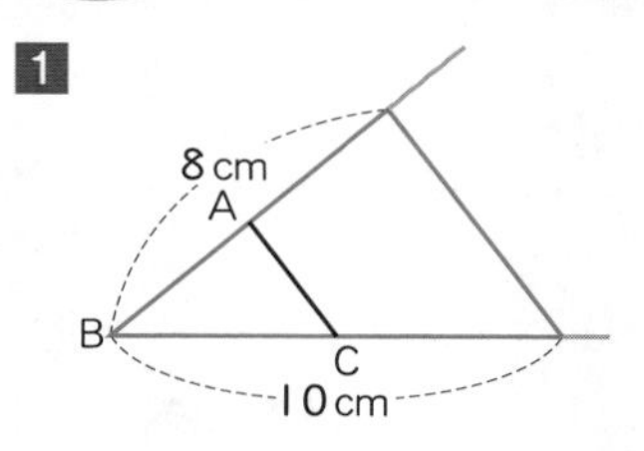

2

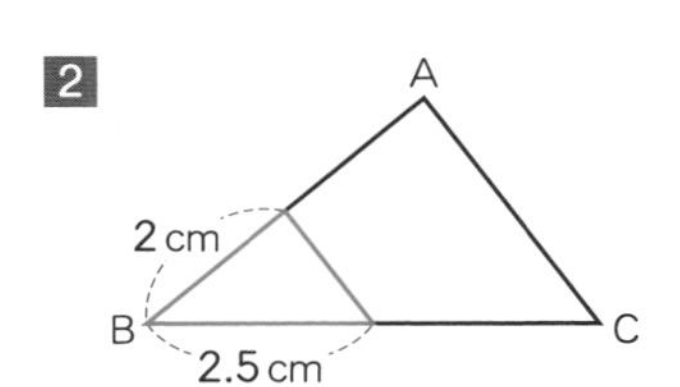

ポイント

１つの点を中心にして２倍の拡大図をかくときは，中心にする点と頂点を結んだ直線の長さが２倍になるように対応する点をとります。また，$\frac{1}{2}$の縮図をかくときは，中心にする点と頂点を結んだ直線の長さが$\frac{1}{2}$になるように対応する点をとります。

38 拡大図と縮図　拡大図と縮図のかき方③

▶▶▶ 本冊41ページ

1

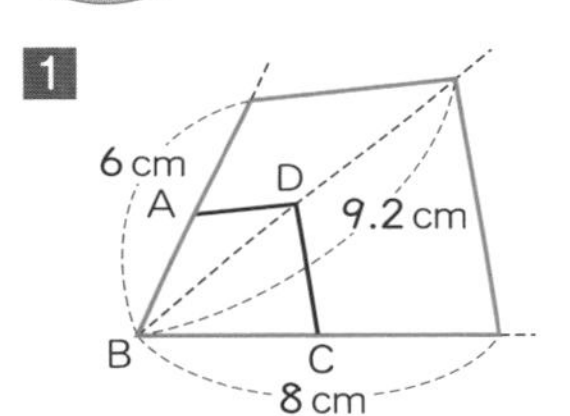

2

A　D　1.5 cm　2.3 cm　B　C　2 cm

39 拡大図と縮図　縮図の利用

▶▶▶ 本冊42ページ

1 ①2　②AB…4.8，BC…9　**2** 135

ポイント

$\frac{1}{200}$の縮図は，実際の長さを$\frac{1}{200}$にした図なので，縮図での長さを200倍すると実際の長さになります。

40 拡大図と縮図　縮図の利用

▶▶▶ 本冊43ページ

1 ①10

②点Aから点Bまで…56

点Bから点Cまで…27

2 86

ポイント

1②縮図で点Aから点Bまでの長さをはかると5.6 cmだから，点Aから点Bまでの直線きょりは，
5.6×1000＝5600(cm)

41 比例と反比例　比例

▶▶▶ 本冊44ページ

①比例する　②4　③4　④40　⑤9

覚えよう　y　x

ポイント

xの値が２倍，３倍，…になると，yの値も２倍，３倍，…になるとき，yはxに比例するといい，xとyの関係は次の式で表すことができます。
y＝決まった数×x　または，y÷x＝決まった数

42 比例と反比例　比例

▶▶▶ 本冊45ページ

①比例する　②5　③y＝5×x

④45　⑤14

43 比例と反比例　比例の性質

▶▶▶ 本冊46ページ

①比例する　②1.5　③$\frac{1}{2}$，$\frac{1}{3}$

覚えよう　$\frac{1}{2}$　$\frac{1}{3}$

ポイント

y が x に比例するとき，x の値が 1.5 倍や 3.5 倍などになると，y の値も 1.5 倍や 3.5 倍などになります。また，x の値が $\frac{1}{2}$ 倍，$\frac{1}{3}$ 倍，…になると，y の値も $\frac{1}{2}$ 倍，$\frac{1}{3}$ 倍，…になります。

比例と反比例
比例の性質

▶▶▶本冊47ページ

①140，210，280　②比例する　③2.5

④$\frac{1}{4}$　⑤315

比例と反比例
比例のグラフ

▶▶▶本冊48ページ

①

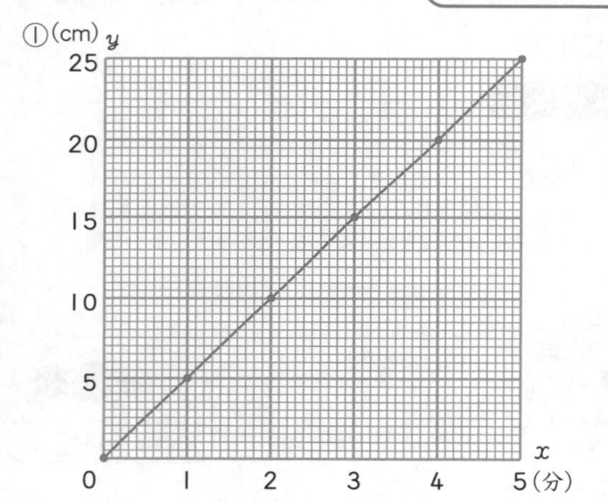

②22.5

覚えよう　直線

ポイント

比例する x と y の関係を表すグラフをかくときは，x の値に対応する y の値を求めて，それらの値の組を表す点をうち，とった点を直線でつなぎます。

比例と反比例
比例のグラフ

▶▶▶本冊49ページ

①4，6，8

②

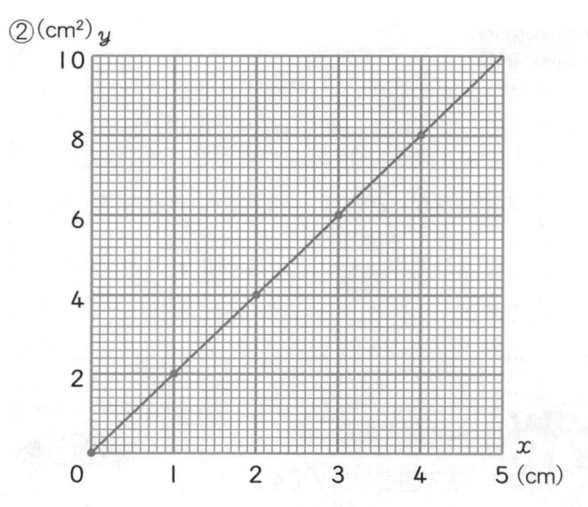

③7

比例と反比例
反比例

▶▶▶本冊50ページ

①反比例する　②24　③3　④2.4

覚えよう　y　x

ポイント

x の値が 2 倍，3 倍，…になると，y の値が $\frac{1}{2}$ 倍，$\frac{1}{3}$ 倍，…になるとき，y は x に反比例するといい，x と y の関係は次の式で表すことができます。
y=決まった数÷x　または，x×y=決まった数

ここがニガテ

x と y の関係を表す式を，y=x÷決まった数としないように注意しましょう。

比例と反比例
反比例

▶▶▶本冊51ページ

①反比例する　②240　③y＝240÷x

④5　⑤80

比例と反比例
反比例の性質

▶▶▶ 本冊52ページ

①反比例する　②$\frac{1}{2}$，$\frac{1}{3}$　③2

覚えよう　$\frac{1}{2}$　$\frac{1}{3}$

ポイント

y（ワイ）が x（エックス）に反比例するとき，x の値（あたい）が 2 倍になると，y の値は $\frac{1}{2}$ 倍に，x の値が $\frac{1}{2}$ 倍になると，y の値は 2 倍になります。

反比例は x の値が増えると y の値は減る関係ですが，x の値が 1 増えたときの y の値の減る大きさは，1 や決まった数ではないので，注意しましょう。

比例と反比例
反比例の性質

▶▶▶ 本冊53ページ

①18，12，9　②反比例する　③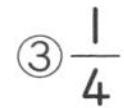$\frac{1}{4}$

④5　⑤4

比例と反比例
比例と反比例

▶▶▶ 本冊54ページ

1 ①㋑　②㋒

2 比例：㋒　反比例：㋑

覚えよう　×　÷

ポイント

x（エックス）と y（ワイ）が比例の関係にあるとき，
$y \div x$＝決まった数　になります。
x と y が反比例の関係にあるとき，
$x \times y$＝決まった数　になります。

比例と反比例
比例と反比例

▶▶▶ 本冊55ページ

1 ①㋐　②㋓

2 比例：㋑　反比例：㋒

比例と反比例のまとめ
暗号ゲーム

▶▶▶ 本冊56ページ

下の表に入る数を求めて，答えにあるひらがなを
①から⑩まで順番にならべましょう。

あ　この表のxとyは比例しています。

x	①2	6	8	10	④15	20
y	12	②36	48	③60	90	⑤120

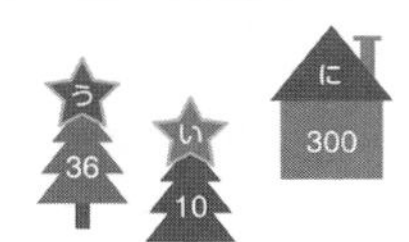

い　この表のxとyは反比例しています。

x	0.2	⑦10	12	15	⑨20	60
y	⑥300	6	⑧5	4	3	⑩1

円の面積
円の面積

理解

▶▶▶ 本冊57ページ

①（式）　4×4×3.14＝50.24　答え　50.24

②（式）　5×5×3.14＝78.5　答え　78.5

③（式）　3×3×3.14＝28.26　答え　28.26

覚えよう　半径　半径

ポイント

円の面積は，次の式で求めることができます。
円の面積＝半径×半径×3.14
円の直径がわかっているときは，直径の長さを2でわって半径の長さを求めてから，円の面積を計算します。

55 円の面積 円の面積

本冊58ページ

①（式） 10×10×3.14＝314 答え 314

②（式） 7×7×3.14＝153.86 答え 153.86

③（式） 9×9×3.14＝254.34 答え 254.34

④（式） 6×6×3.14＝113.04 答え 113.04

56 円の面積 いろいろな形の面積①

理解

本冊59ページ

①（式） 4×4×3.14÷2＝25.12 答え 25.12

②（式） 6×6×3.14÷4＝28.26 答え 28.26

③（式） 8×8×3.14÷4＝50.24

50.24×3＝150.72 答え 150.72

ポイント

円の面積を求める公式を使って，いろいろな形の面積を求めることができます。円を半分や $\frac{1}{4}$ にした形，円と長方形や正方形を組み合わせた形など，どんな形になっているかを見分けることが大切です。

ここが ニガテ

複雑に見える形の面積も，円や長方形，正方形など知っている形に分けて，１つずつ面積を求めていきましょう。求めた面積をたすのかひくのかをまちがえないように注意しましょう。

57 円の面積 いろいろな形の面積①

本冊60ページ

①（式） 5×5×3.14÷2＝39.25

答え 39.25

②（式） 8×8×3.14÷4＝50.24

答え 50.24

③（式） 6×6×3.14÷4＝28.26

28.26×3＝84.78 答え 84.78

58 円の面積 いろいろな形の面積②

本冊61ページ

①（式） 8×8×3.14－4×4×3.14＝150.72

答え 150.72

②（式） 12×12－6×6×3.14＝30.96

答え 30.96

③（式） 10×10×3.14÷4－10×10÷2

＝28.5

28.5×2＝57 答え 57

ポイント

③右の図のように線をひいて，三角形と円の一部に分けて考えます。

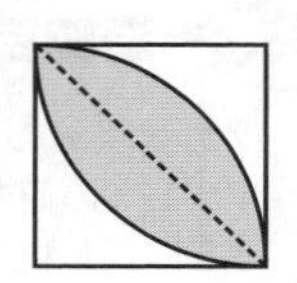

59 円の面積 いろいろな形の面積②

本冊62ページ

①（式） 6×6×3.14－12×12÷2＝41.04

答え 41.04

②（式） 8×8×3.14÷2＋5×5×3.14÷2

－3×3×3.14÷2＝125.6

答え 125.6

③（式） 5×5×3.14÷4－5×5÷2＝7.125

7.125×2＝14.25

14.25×4＝57 答え 57

④（式） 8×8÷2＝32 答え 32

ポイント

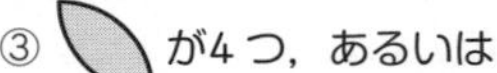

③ が４つ，あるいは

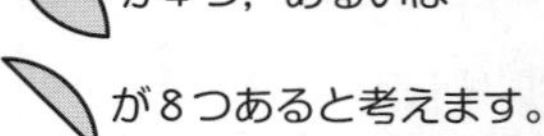

が８つあると考えます。

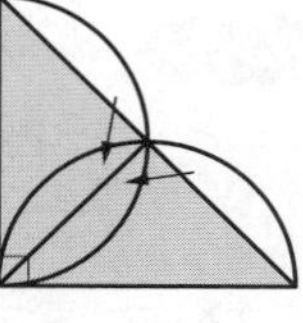

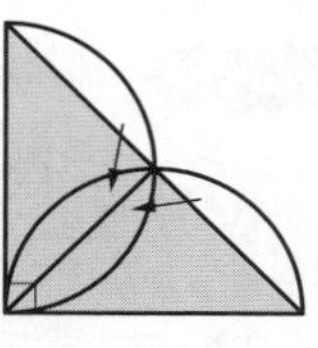

④右の図のように，移動すると，黒い部分は直角二等辺三角形になります。

60 円の面積のまとめ
ピザを食べよう

▶▶▶ 本冊63ページ

61 角柱と円柱の体積
角柱の体積

▶▶▶ 本冊64ページ

①（式）　3×5×7＝105　　答え　105

②（式）　5×4÷2×6＝60　　答え　60

③（式）　6×8÷2×4＝96　　答え　96

覚えよう　底面積　　高さ

ポイント

立体の底面の面積を底面積といい，角柱の体積は，次の公式で求めることができます。
角柱の体積＝底面積×高さ
直方体や立方体の体積も，底面積×高さで求めることができます。

62 角柱と円柱の体積
角柱の体積

▶▶▶ 本冊65ページ

①（式）　10×6×8＝480　　答え　480

②（式）　5×8÷2×7＝140　　答え　140

③（式）　6×3÷2×4＝36　　答え　36

④（式）　(8×8−3×4÷2)×5＝290
　　答え　290

63 角柱と円柱の体積
角柱の体積

▶▶▶ 本冊66ページ

①（式）　5×4×9＝180　　答え　180

②（式）　7×4÷2×5＝70　　答え　70

③（式）　(6＋3)×4÷2×5＝90　　答え　90

④（式）　6×7÷2×3＝63　　答え　63

64 角柱と円柱の体積
円柱の体積

▶▶▶ 本冊67ページ

①（式）　4×4×3.14×6＝301.44
　　答え　301.44

②（式）　8×8×3.14×5＝1004.8
　　答え　1004.8

③（式）　3×3×3.14×10＝282.6
　　答え　282.6

覚えよう　底面積　　高さ

ポイント

円柱の体積は，次の公式で求めることができます。
円柱の体積＝底面積×高さ

65 角柱と円柱の体積
円柱の体積

練習

▶▶▶ 本冊68ページ

①（式）　5×5×3.14×8＝628　　答え　628

②（式）　3×3×3.14×7＝197.82
　　答え　197.82

③（式）　2×2×3.14×5＝62.8　　答え　62.8

④（式）　6×6×3.14×8÷2＝452.16

答え　452.16

ポイント

④は円柱を半分にした形です。円柱の体積を求めてから，2でわります。

66 角柱と円柱の体積　いろいろな立体の体積

▶▶▶ 本冊69ページ

①（式）　2×2×3.14×6＋8×8×3.14×6
＝1281.12　　答え　1281.12

②（式）　8×6÷2＝24，7×10＝70
24＋70＝94，94×5＝470

答え　470

③（式）　(7＋6)×15＝195
195－(6×6＋6×4)＝135
135×5＝675　　答え　675

ポイント

①2つの円柱の体積をたします。
②長方形と直角三角形をあわせた五角形の面を底面とします。
③大きい長方形から，長方形を2個のぞいた形の面を底面とします。

67 角柱と円柱の体積　いろいろな立体の体積

▶▶▶ 本冊70ページ

①（式）　10×10×10－5×5×5＝875

答え　875

②（式）　8×14×4－6×6×2＝376

答え　376

③（式）　12×3÷2＋8×12＝114
114×6＝684　　答え　684

④（式）　6×7－2×2×3.14＝29.44
29.44×10＝294.4　　答え　294.4

ポイント

④長方形から円をのぞいた面を底面とします。

68 角柱と円柱の体積　いろいろな立体の体積

▶▶▶ 本冊71ページ

①（式）　12×14÷2×12＋14×12×3＝1512

答え　1512

②（式）　8×18－2×(18－9－4)＝134
134×14＝1876　　答え　1876

③（式）　4×(20－9－6)＋(4＋2)×6＋(4＋2＋2)×9＝128
128×12＝1536　　答え　1536

④（式）　12×9÷2－2×2×3.14＝41.44
41.44×4＝165.76　　答え　165.76

ポイント

③階段（かいだん）の形になっている面を底面とします。この面の面積を3つの四角形にわけて求めます。
④三角形から円をのぞいた面を底面とします。

69 およその面積と体積　およその面積

▶▶▶ 本冊72ページ

①（式）　6×8＝48　　答え　48

②（式）　4×5÷2＝10　　答え　10

③（式）　60×60×3.14＝11304

答え　11304

④（式）　(4＋5)×3÷2＝13.5　　答え　13.5

ポイント

どんな形(長方形や三角形など)とみることができるかを考えて，その形の面積を求める公式を使って，およその面積を求めます。

70 およその面積と体積　およその面積

▶▶▶ 本冊73ページ

①（式）　800×500÷2＝200000

答え　200000

②（式）　25×10＝250　　答え　250

③（式）　20×20×3.14＝1256　　答え　1256

④（式）　70×50＝3500　　答え　3500

おおよその面積と体積
71 およその体積

本冊74ページ

1 15，8

（式） 15×8×10＝1200　　答え 1200

2（式） 4×4×3.14×12＝602.88

答え 602.88

およその面積と体積
72 およその体積

本冊75ページ

①（式） 1.5×0.8×0.5＝0.6

答え 0.6

②（式） 6×6×3.14×25＝2826

答え 2826

③（式） 8×10×24＝1920　　答え 1920

④（式） （12＋15）×8÷2×1.2＝129.6

答え 129.6

資料の調べ方
73 代表値

本冊76ページ

①（式） （21＋23＋32＋20＋22＋27＋28＋22＋18＋33＋20＋32＋17＋22＋29）÷15＝24.4　　答え 24.4

②22　③22

資料の調べ方
74 代表値

本冊77ページ

①（式） （11＋8＋15＋11＋12＋19＋16＋21＋15＋21＋17＋22＋25＋11＋6＋18）÷16＝15.5　　答え 15.5

②15.5　③11

ポイント

②資料の数が偶数なので，中央値（ちゅうおうち）は8番目と9番目の値の平均値（へいきんち）になります。

資料の調べ方
75 ドットプロットと代表値

本冊78ページ

①

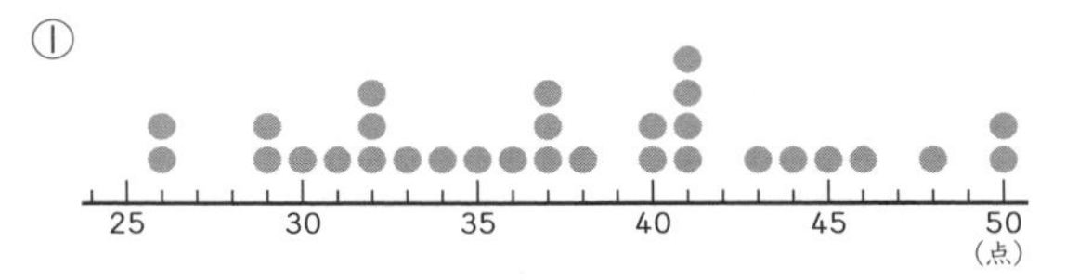

②37　③41

資料の調べ方
76 ドットプロットと代表値

本冊79ページ

①

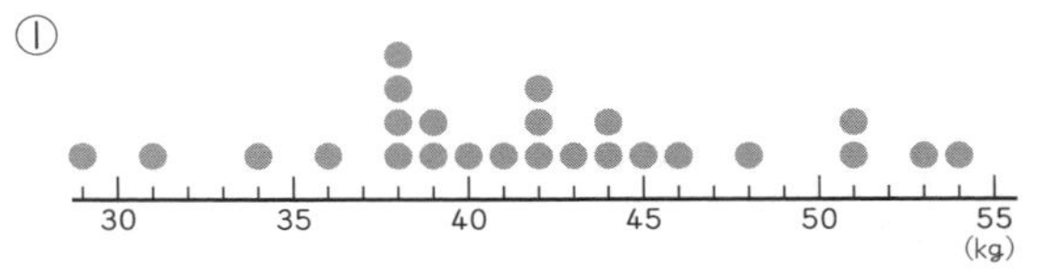

②42　③38

資料の調べ方
77 度数分布表①

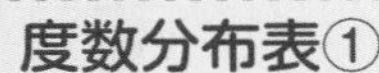

本冊80ページ

1組…上から，4，7，2，2，1

2組…上から，4，6，3，1，1

ポイント

資料を表にまとめるときは，2回数えたり，数え忘れがないように，「正」の字を使ったり，数えた資料に印をつけたり，工夫しましょう。また，30 kg以上35 kg未満のはんいには，30 kgの人は入り，35 kgの人は入らないことに注意しましょう。

資料の調べ方
78 度数分布表①

本冊81ページ

A（エー）の箱…上から，2，3，4，5，2

B（ビー）の箱…上から，3，2，5，4，3

資料の調べ方
79 度数分布表②

本冊82ページ

①3　②40　③40，45

ポイント

資料をまとめた表を見て，資料の特ちょうを読みとります。

①45 kg 以上の人は，45 kg 以上 50 kg 未満のはんいか，50 kg 以上 55 kg 未満のはんいに入っています。

③50 kg 以上 55 kg 未満のはんいは 1 人だから，体重が重い方から数えて 1 番目の人，45 kg 以上 50 kg 未満のはんいは 2 人だから，2 番目と 3 番目の人が入っています。

80 資料の調べ方 度数分布表②

▶▶▶本冊83ページ

①7　②50　③100，105

81 資料の調べ方 ヒストグラム①

▶▶▶本冊84ページ

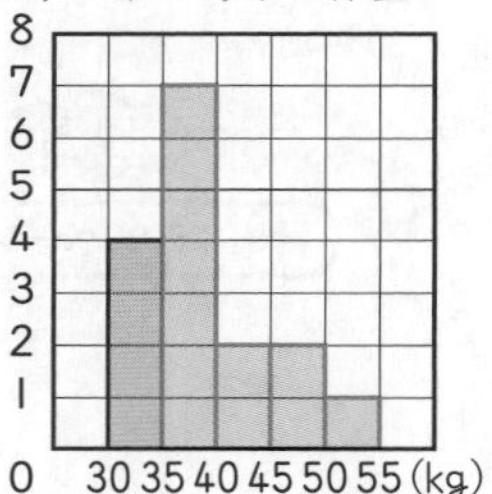

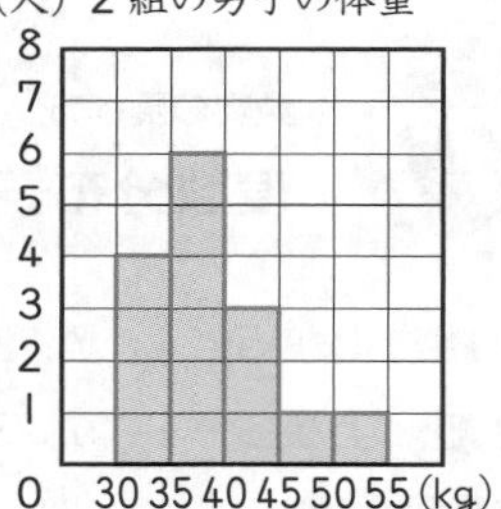

ポイント

人数が縦（たて）の長方形をかきます。

82 資料の調べ方 ヒストグラム①

▶▶▶本冊85ページ

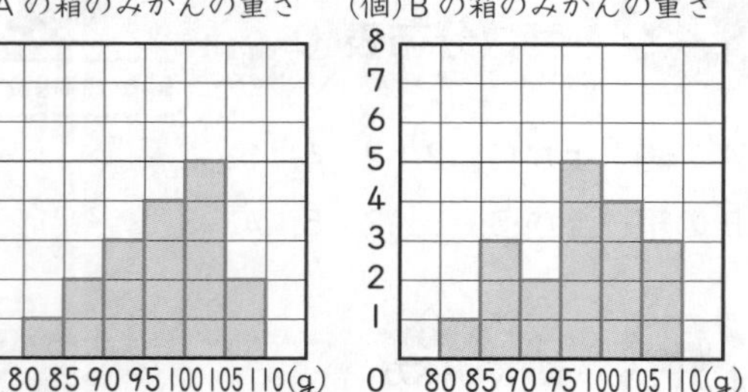

83 資料の調べ方 ヒストグラム②

▶▶▶本冊86ページ

①0.5　②8.5，9.0

③（式）　9÷30＝0.3　　答え　30

84 資料の調べ方 ヒストグラム②

▶▶▶本冊87ページ

①1　②4，5

③（式）　5＋8＋11＝24

24÷40＝0.6　　答え　60

ポイント

③5 時間以上 6 時間未満は 5 人，6 時間以上 7 時間未満は 8 人，7 時間以上 8 時間未満は 11 人なので，5 時間以上 8 時間未満の人は，5＋8＋11＝24（人）となります。

85 資料の調べ方 ヒストグラム③

▶▶▶本冊88ページ

①140，145　②24　③ 女子

ポイント

③男子で，155 cm 以上の人は，6＋1＝7（人）
女子で，155 cm 以上の人は，8＋2＝10（人）

86 資料の調べ方 ヒストグラム③

▶▶▶本冊89ページ

①55，65　②17　③A（エー）

ポイント

ヒストグラムを見て，資料の特ちょうを読みとります。

②15 才以上 35 才未満の人は，15 才以上 25 才未満の度数と 25 才以上 35 才未満の度数の合計です。

87 資料の調べ方のまとめ
はんいさがし

▶▶▶ 本冊90ページ

勉強した日　月　日

87 資料の調べ方のまとめ
はんいさがし

▶▶▶ 答えは別冊15ページ

下のグラフは，6年1組の算数テストの得点と人数です。
あゆみさんの班の6人は，みんなちがうはんいに入っています。
だれも入っていないはんいは，あ～きのどれでしょう。

あゆみ　いちばん人数が多いはんい　お
得点の低い方から8番目の人が入っているはんい　けんた　え
るみ　40点の人が入っているはんい　い
人数が2人のはんい　かすや　き
まい　得点の高い方から7番目の人が入っているはんい　か
いちばん人数が少ないはんい　だいち　あ

だれも入っていないはんいは　う

90

ポイント

並べ方を調べるときは，見落としや重なりがないように，図や表を使って調べます。

ここがニガテ

見落としや重なりがないように，順序よく図や表をかくようにしましょう。

89 並べ方と組み合わせ方

並べ方

▶▶▶ 本冊92ページ

1 24　**2** ① 24　② 12

ポイント

2 ②

6 ＜ 7 / 8 / 9　7 ＜ 6 / 8 / 9　8 ＜ 6 / 7 / 9　9 ＜ 6 / 7 / 8

90 並べ方と組み合わせ方
組み合わせ方

▶▶▶ 本冊93ページ

1 ①

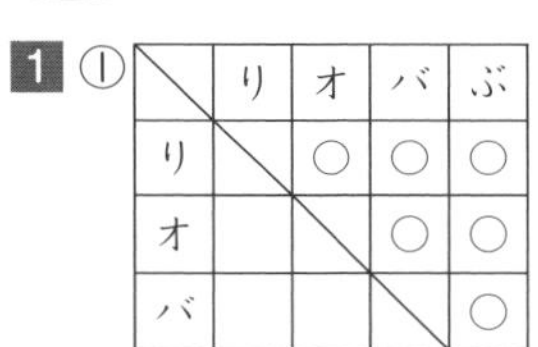

	り	オ	バ	ぶ
り	＼	○	○	○
オ		＼	○	○
バ			＼	○
ぶ				＼

② 6

2

	A	B	C	D	E
A	＼	○	○	○	○
B		＼	○	○	○
C			＼	○	○
D				＼	○
E					＼

10

ポイント

組み合わせ方を調べるときは，見落としや重なりがないように，図や表を使って調べます。

ここがニガテ

並べ方とちがって，組み合わせ方では順番は関係ありません。**1**では，りんご―オレンジ　と　オレンジ―りんご　は同じ組み合わせであることに注意しましょう。

88 並べ方と組み合わせ方

並べ方
理解

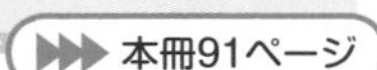
▶▶▶ 本冊91ページ

1 ①

あ ＜ き―み / み―き　　き ＜ あ―み / み―あ

み ＜ あ―き / き―あ

② 6

2

1 ＜ 2 / 3 / 4　2 ＜ 1 / 3 / 4

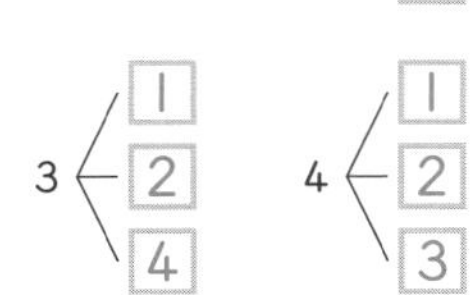
3 ＜ 1 / 2 / 4　4 ＜ 1 / 2 / 3

12

並べ方と組み合わせ方
組み合わせ方

▶▶▶本冊94ページ

1 6

2 ①6円, 11円, 51円, 15円, 55円, 60円

②6

3 10

ポイント

	赤	青	黄	緑
赤	＼	○	○	○
青		＼	○	○
黄			＼	○
緑				＼

並べ方と組み合わせ方
いろいろな場合の数

▶▶▶本冊95ページ

①

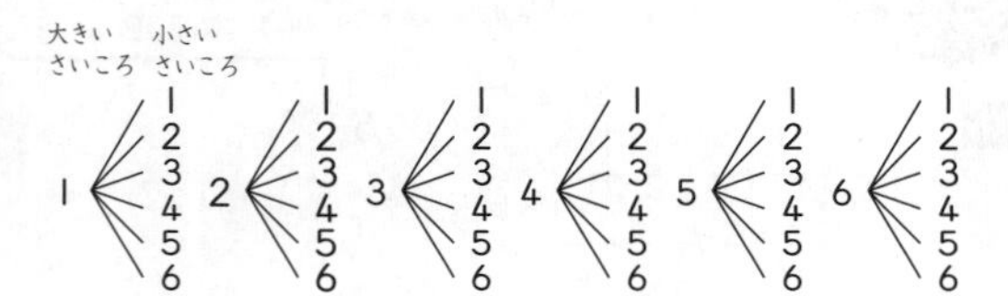

36通り

②

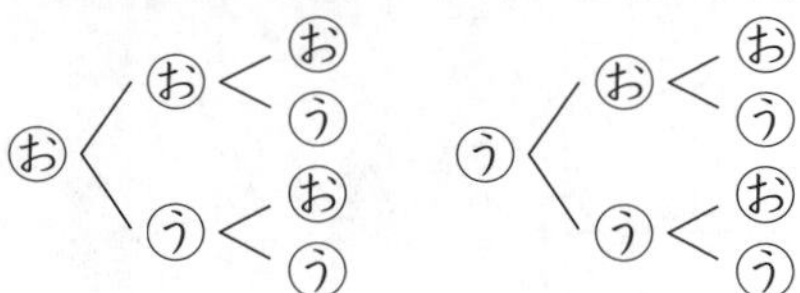

8通り

ポイント

硬貨(こうか)の表裏(うら)の出方は,
1枚のとき2通り,
2枚のとき, 2×2=4(通り),
3枚のとき, 2×2×2=8(通り), …と
なっていきます。

並べ方と組み合わせ方
いろいろな場合の数

▶▶▶本冊96ページ

1 ①36　②5

③8

2 ①8　②3

ポイント

さいころを2つ投げたときの目の出方は全部で
36通りであることを覚えておきましょう。